数据分析及实现

杨旻　李丹　李燕燕　编著

山东大学出版社
SHANDONG UNIVERSITY PRESS
·济南·

图书在版编目(CIP)数据

数据分析及实现 /杨旻,李丹,李燕燕编著. 一济南:山东大学出版社,2022.11
ISBN 978-7-5607-7665-1

Ⅰ.①数… Ⅱ.①杨… ②李… ③李… Ⅲ.①数据处理 Ⅳ.①TP274

中国版本图书馆 CIP 数据核字(2022)第 223737 号

责任编辑 姜 山
文案编辑 任 梦
封面设计 张 荔

数据分析及实现
SHUJU FENXI JI SHIXIAN

出版发行 山东大学出版社
社　　址 山东省济南市山大南路 20 号
邮政编码 250100
发行热线 (0531)88363008
经　　销 山东省新华书店
印　　刷 济南巨丰印刷有限公司
规　　格 787 毫米×1092 毫米 1/16
11.25 印张 243 千字
版　　次 2022 年 11 月第 1 版
印　　次 2022 年 11 月第 1 次印刷
定　　价 38.00 元

前　言

随着数字技术的发展，数据不再局限于简单的数字，而是囊括了图像、视频、音频、文档、网页、日志等多种复杂形式，其数量也在源源不断地增加。挖掘数据中隐含的知识和规律，使其更好地为人类服务，已经成为计算机、数学、统计学、生物、化学以及诸多人文社科领域的重要研究方向。

掌握数据分析的基本原理以及实现方法是从事数据分析工作的必经之路。虽然关于数据分析（如模式识别、机器学习、统计学习、深度学习等）的书籍数量众多，但是大部分书籍涉及的内容都比较繁复，读者往往需要经过较长时间的学习才能一窥究竟。如何在较短的时间内掌握数据分析的原理、思路和方法，并且具备基本的动手操作能力，是许多初学者迫切关心的问题。

数据分析的一个关键点是从数据中找到与任务相关的"特征"，而这些特征通常都是低维的，因此对数据进行降维和特征表示是贯穿全书的重点内容。数据分析的另一个关键点是要对任务进行数学建模。只有建立了优化模型，才有可能通过计算机求解。本书对每一个算法都尽可能地给出数学模型和建模的逻辑。有了模型以后，编程求解是必不可少的步骤，为此书籍中的每个算法都配有完整的可实现的 Python 代码，以方便读者进行实际操作。与现有的数据分析书籍不同，本书的内容非常精练。我们摒弃了许多传统算法，只选择了部分具有代表性的方法进行重点介绍，以使读者能够快速掌握数据分析的建模思路和求解方法，并获得举一反三的技能。

本书内容共分为 7 章。第 1 章介绍了数据分析的应用背景、研究内容和基本概念。第 2 章聚焦于数据的可视化方法，并例举了现有网络工具的使用方法，本章内容几乎不需要编程基础。第 3 章着眼于数据分析与数学优化建模的联系，并介绍了常用的梯度下降优化算法。第 4 章凸显了数据降维和特征提取的必要性，给出了一些常用的降维算法。第 5 章和第 6 章详述了无监督学习和有监督学习的典型算法及示例。第 7 章介绍了深度学习的鲁棒性问题，这是当前数据分析的前沿领域。本书最后的附录部分简述了深度神经网络的基本原理以及 PyTorch 开发框架。

本书是一本面向高年级理工科本科生和研究生的入门级教材，也适用于对数据分析感兴趣的工程技术人员和人文社科学者。

本书得以顺利出版，首先要感谢烟台大学数学与信息科学学院的杨玉军教授、陈传军教授在书籍编写和出版过程中给予的大力支持；其次要感谢我的研究生徐聪、王寓枫、张攀在书籍的编写过程中的付出。本书的第7章“深度学习的鲁棒性”主要内容为我和徐聪同学的合作研究成果。徐聪同学还参与了第5章“无监督学习”和第6章“监督学习”的初稿编写和代码调试工作。王寓枫同学参与了附录“开发框架的安装与使用”的初稿编写工作。张攀同学对全书进行了校验和代码复现。最后，还要感谢山东大学出版社的宋亚卿编辑和姜山编辑在整个书籍出版工作中给予的帮助和支持。

鉴于作者能力和水平有限，书中错谬之处在所难免，恳请读者和同行给予批评指正。

杨　旻

2022年10月

目 录

第1章 数据分析概述

1.1 数据分析的背景

1.1.1 数据分析的定义

进入21世纪以后，伴随着互联网的迅速发展，大数据应运而生，越来越多的数据被不断地挖掘出来，形成了“数据为王”的时代。就拿我们自己举例子，比如你的购物习惯、你的喜好等等，这些都会组成数据。对你的购物数据进行分析会帮助卖家更精准地推荐商品，这只是数据分析应用的冰山一角。数据分析还可以应用到金融领域、交通领域、畜牧业领域等。

随着数据的规模越来越庞大，单靠人力重复的脑力劳动已经无法跟上行业的发展态势，人类的智慧应该更多地应用于决断与选择层面。而让数据分析成为人类的一种辅助工具，可以帮助决策者更明确地做出判断与预测。

综上所述，我们给出数据分析的定义：数据分析指用适当的统计、分析方法对收集来的大量数据进行分析，对它们进行汇总、理解和消化，以求最大化地开发数据的隐含特性，发挥数据的作用。数据分析是为了提取有用信息和形成决断而对数据加以详细研究和总结的过程。

1.1.2 数据分析的应用

为了让读者体会到数据分析无处不在并熟悉它的应用，下面我们讲几个小案例。

1.1.2.1 股票走势预测

股票市场是市场经济的重要组成部分。股市的稳定不仅关系到国家经济的繁荣发展，也关系到普通投资者的经济收入。对股票走势进行分析和研究有着重大的理论意义和实际价值。图1-1为股市预测图。这里的预测结果并不是无中生有，而是经过对股票的历史数据以及行业背景等信息分析之后得出的结论。

相比于人类，基于数据分析算法的交易软件可以自动获取和处理大量的数据，永远不会疲劳，而且可以通过自我学习完善其预测结果。在华尔街，很多原先依赖于专业证券人员的交易活动都已经被基于人工智能和数据分析的软件替代[1]。

图 1-1　股市预测

1.1.2.2　自动驾驶中的场景识别

近年来，随着人工智能技术的迅速发展，传统汽车行业与信息技术相结合，在自动驾驶技术方面取得了长足进步。业内很多大公司都在此领域投入巨资进行研发，如国外的谷歌、丰田，国内的百度、比亚迪等公司都推出了自动驾驶汽车，并且取得了可喜的实验成果。其中谷歌的自动驾驶汽车已经安全行驶超 22 万千米。可以预见，在不远的将来，随着技术的不断发展完善，自动驾驶技术将进入实用阶段，普及到千家万户；人们可以自由出行而无须担心无证驾驶、超速、疲劳驾驶、酒驾等人为因素造成的驾驶事故。

自动驾驶的主要原理是通过各种摄像头传感器，根据路况、前方的障碍物，由电脑进行车辆调整。汽车自动驾驶技术利用视频摄像头、雷达传感器以及激光测距器来了解周围的交通状况，并通过一个详尽的地图对前方的道路进行导航，这一切都通过数据中心来实现。图 1-2 为自动驾驶中的目标识别图。数据中心处理汽车收集的有关周围地形的大量信息，从而进行道路识别、车辆检测和行人检测等。对周围大量信息进行处理的目的之一是感知和识别周围物体，这是无人驾驶技术的核心之一，也是自动驾驶的安全保障之一。

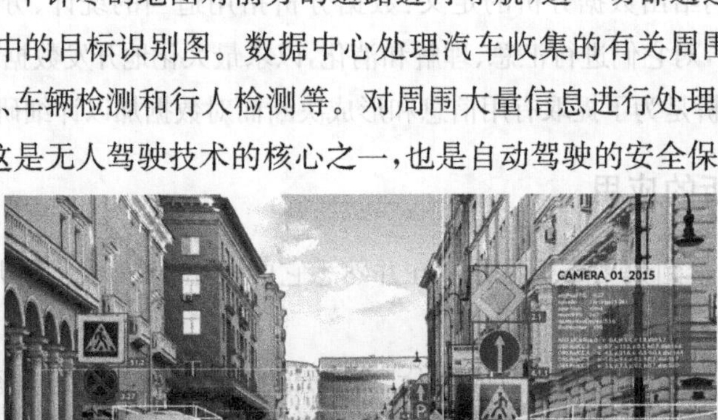

图 1-2　自动驾驶中的目标识别

1.1.2.3 商品推荐

20 世纪 90 年代的美国沃尔玛超市中，管理人员分析销售数据时发现了一个令人难于理解的现象：在某些特定的情况下，“啤酒”与“尿布”两件看上去毫无关系的商品会经常出现在同一个购物清单中。经过后续调查发现，这一特殊现象主要出现在年轻父亲身上，他们在购买尿布的同时，往往会顺便买啤酒犒劳自己。发现这一现象之后，沃尔玛超市开始尝试将啤酒与尿布摆放在同一区域的促销手段，从而提高了这两件商品的销售收入。

从这个案例中可以发现，通过研究顾客的购物习惯，发现购物人群对商品的需求，调整相应的销售策略，可以达到增加利润的目的。对毫无关联的商品通过数据分析的手段，挖掘出潜藏商机，这正是精准营销的典型案例。

1.1.3 数据分析的技术背景

与数据分析密切相关的技术方法包括回归法、抽样法、基于经验的设计法等传统的统计方法。近年来，随着人工智能的迅速发展，数据分析变得越来越重要。基于机器学习尤其是深度学习的数据分析技术能够在有限的时间内发现海量复杂数据之间的联系，挖掘出隐藏在信息背后的潜在特征，进而帮助人们实现数据的聚类、关联分析、分类和预测等任务。其中，在数据的聚类任务中，经典的 K 均值算法及相应的深度学习算法已经被广泛应用于图像分析、信息安全等领域。为了快速发现信息之间的潜在联系，需要对不同数据之间进行关联分析。目前被广泛使用的关联分析技术有 Apriori 规则[2] 和 FP-Growth（频繁模式增长算法）规则[3]。分类技术能够对同类数据进行整合处理，提取数据间的共性和差异，帮助人们快速识别或查询到需要的目标。应用广泛的分类算法包括 SVM（支持向量机）[4]、分类神经网络[5]等。

1.2 数据的类型

在现实世界中，数据集的类型很多，并且随着数据科学的发展，还会出现更多类型的数据集。需要强调的是，无论什么类型的数据，在分析之前都必须“向量化”。

这里我们将介绍一些常见的数据类型：表格型数据、图像数据和文本数据。表格型数据属于结构化数据，具有明确的向量或矩阵形式，其每个位置对应特定的属性；而图像、文本数据属于非结构化数据，一般需要经过量化转化成向量或矩阵的形式才能进一步分析使用。

1.2.1 数据集的必要指标

在介绍不同类型的数据之前，我们先明确一下数据集的必要指标：维度、稀疏性和分辨率[6]。它们对数据分析的结果有着重要影响。

1.2.1.1 维度

数据的维度是其具有的属性数目。一般而言，高维数据会导致“维度灾难”，因此研究难度远远超过低维数据。在对高维数据进行分析之前一般都需要进行降维处理，这些问题将在第 3 章进行深入讨论。

1.2.1.2 稀疏性

数据的稀疏性考量的是非零属性数。现实中的数据往往都是稀疏的，在许多情况下，非零项还不到 1%。对于稀疏数据，只需要存储其非零项，因此可以使用一些高性能算法来提高其计算和存储效率。

1.2.1.3 分辨率

对于同一个观测对象，在不同的分辨率下可以得到不同的数据表示，其对应的性质也不尽相同。例如，在几米的分辨率下，地球表面看上去很不平坦，但在数十千米的分辨率下却相对平坦。此外，数据的模式也依赖于分辨率，如果分辨率过高，模式可能看不出或被噪声掩盖；如果分辨率太低，模式可能不出现。例如，几小时记录一下气压变化可以反映出风暴等天气系统的移动情况；而在月标度下，这些现象就检测不到。

1.2.2 不同类型的数据集

1.2.2.1 UCI 数据集

UCI 数据集由加州大学欧文分校（University of California Irvine）提出，主要包括大量的表格型数据。UCI 数据集中每个数据集的样本量通常较少，一般都是处理好的数据，可直接输入模型中进行使用。

比较常用的一个 UCI 数据集为鸢尾花（Iris）数据集（见图 1-3）。通过花萼长度、花萼宽度、花瓣长度、花瓣宽度 4 个属性来划分鸢尾花的种类，可将其分为 Setosa（山鸢尾）、Versicolor（杂色鸢尾）和 Virginica（维吉尼亚鸢尾）。鸢尾花数据集中的总样本数量为 150，分为 3 类，每类 50 个样本，每个样本的数据维度为 4 维。鸢尾花数据集一般被用于聚类或者分类任务。

样本实例：

	花萼长度	花萼宽度	花瓣长度	花瓣宽度	类别
1	5.1	3.5	1.4	0.2	Setosa
2	4.9	3.0	1.4	0.2	Setosa
…					
50	6.4	3.5	4.5	1.2	Versicolor
…					
150	5.9	3.0	5.0	1.8	Virginica

特征（花萼长度、花萼宽度、花瓣长度、花瓣宽度）　目标（类别）

图 1-3　鸢尾花数据集

1.2.2.2　图像数据集

常见的图像数据集有 MNIST 数据集和 CIFAR-10 数据集。

MNIST 数据集（见图 1-4）是计算机视觉和机器学习领域最常用的数据集之一。该数据集由0～9的手写数字组成，共计 60 000 张训练图片和 10 000 张测试图片。其中每张图片都是 28×28 的灰度图（通道数为 1），对应一个 784 维的向量，每个维度的属性取值为[0,255]的整数。MNIST 数据集常作为基准数据集来比较不同分析模型的性能。

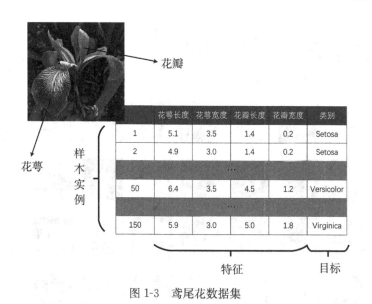

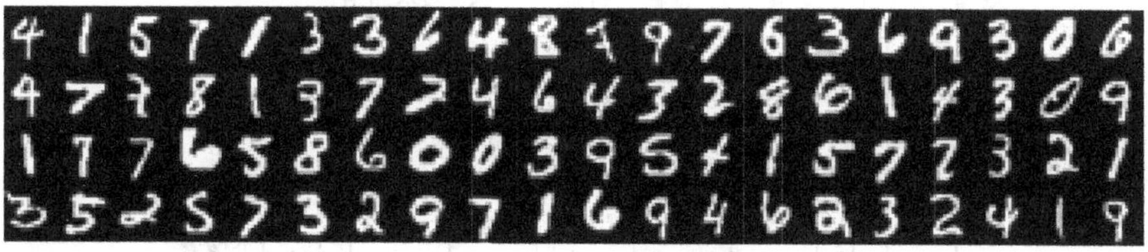

图 1-4　MINIST 数据集

与 MNIST 数据集不同，CIFAR-10 数据集（见图 1-5）是由 10 类物体组成的彩色图像数据集。不同于灰度图像，彩色图像中的每个像素通常由红（R）、绿（G）、蓝（B）三个分量来表示，分量介于[0,255]。因此彩色图像的通道数为 3，每个通道用一个矩阵或向量分别表示对应的红、绿、蓝图（见图1-6）。

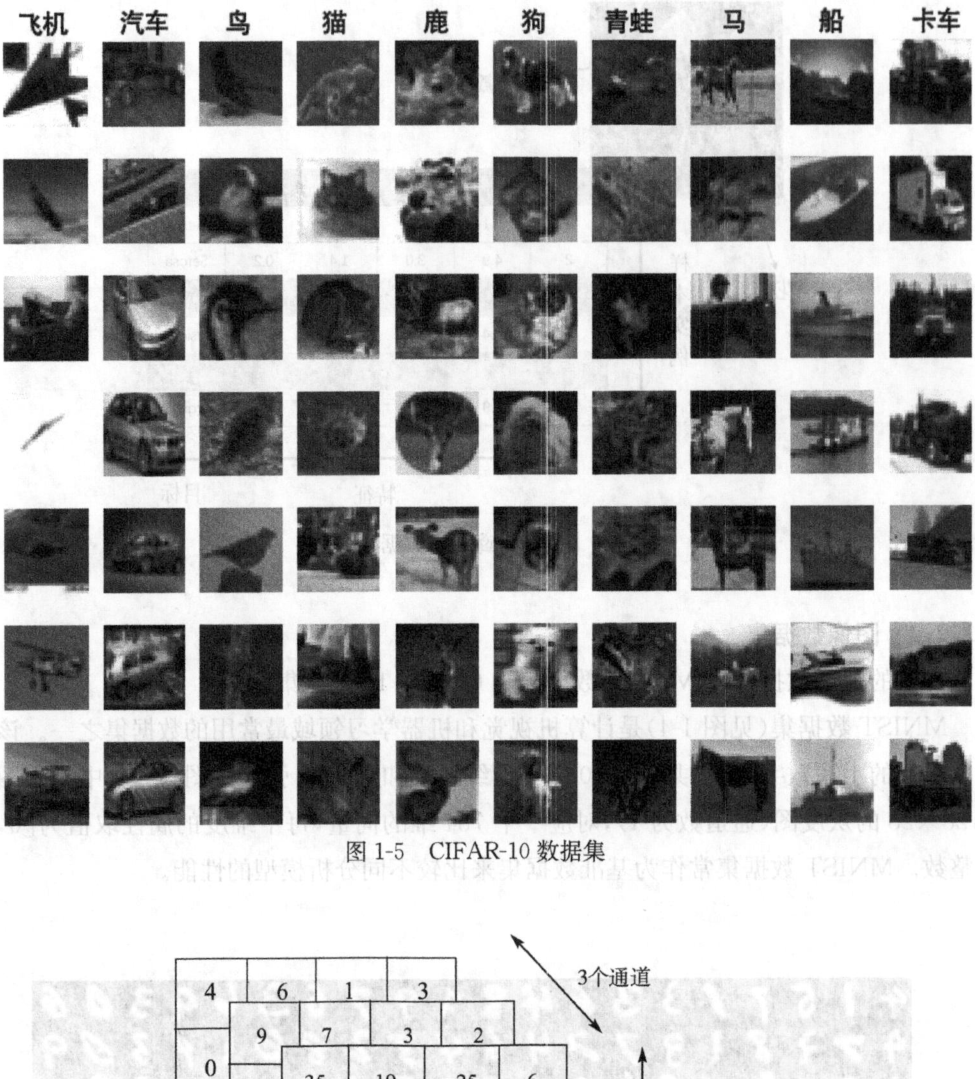

图 1-5　CIFAR-10 数据集

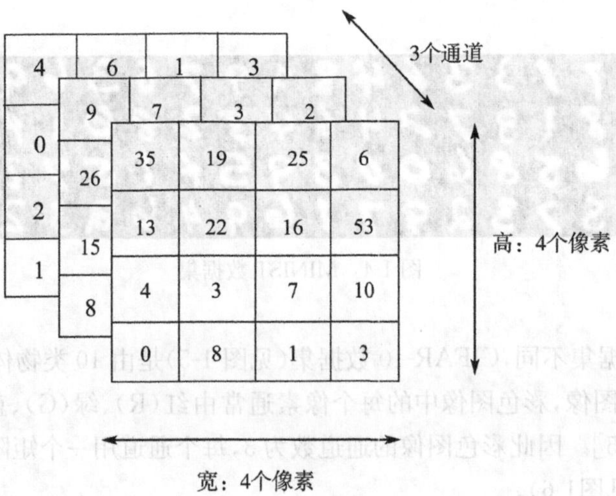

图 1-6　RGB 图像

1.2.2.3　文本数据集

文本是一类非常重要的非结构化数据。在对文本数据进行分析之前，首要任务是将其转换成向量形式。如何表示文本数据一直是数据分析领域的一个重要研究方向。

词袋模型是最基本的文本表示模型。下面我们给出一个简单的例子来说明如何用词袋模型对文本数据进行量化。假设一个文本数据集包含两句话:"John likes to watch movies. Mary likes too."以及"John also likes to watch football games."

用词袋模型对这些文本进行量化时,首先需要列出文档中出现的所有单词(忽略大小写与标点符号),将其构建为如下一个词典:{"John":1,"likes":2,"to":3,"watch":4,"movies":5,"also":6,"football":7,"games":8,"Mary":9,"too":10}。词典中共有 10 个单词,则每个文本用维度为 10 的向量表示,向量的每个位置是对应单词的评分。最简单的评分方法是考察单词的出现次数。

例如,可以将第一个文档(John likes to watch movies. Mary likes too.)转换为二进制向量。转换如下:"John": 1, "likes": 2, "to": 1, "watch": 1, "movies": 1,"also": 0, "football": 0,"games":0,"Mary": 1,"too":1。那么这个向量为$(1,2,1,1,1,0,0,0,1,1)^T$,另外一个文本可以表示为$(1,1,1,1,0,1,1,1,0,0)^T$。

当然,由于中文文本不像英文文本每个单词之间有明显的空格,因此量化的难度更大。目前,已有多个公开的文本数据集供研究者进行文本数据分析,如"今日头条"中文新闻(文本)分类数据集。

1.3 数据集的使用

构建模型对给定数据集进行分析时,经常会将整个数据集分为三个部分:训练集、验证集和测试集(见图 1-7)。

训练集通常用于训练模型,帮助确定模型的最终参数,它占整个数据集的大部分。验证集用于对训练出来的模型进行评估,帮助调整其中的超参数。测试集则主要用于对训练出来的模型进行评估和比较。为了保证最终评估的公正性,这三类数据集彼此之间不能重合。

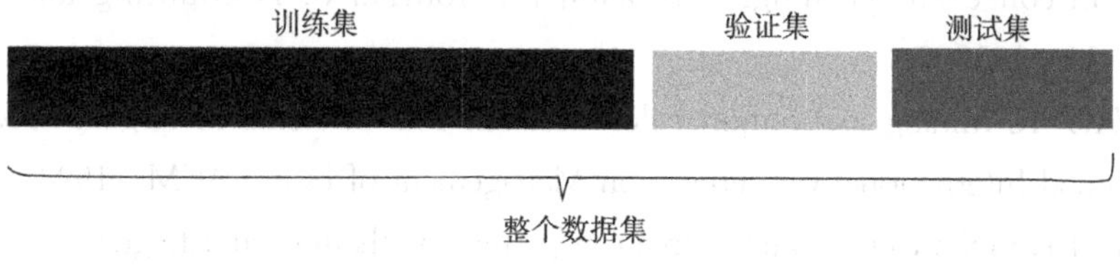

图 1-7 训练集、验证集和测试集

模型的训练效果离不开大量训练数据的支持。但是在许多实际应用中,数据往往是有限的。交叉验证方法可以在数据量有限的情况下,提高模型的训练效果。交叉验证的基本思想是重复使用数据,把给定的数据集切分为多组,进行不同的组合形成多组训练集和测试集,并在此基础上反复进行训练。

实际中应用最多的交叉验证法是 K 折交叉验证(K-fold cross validation)。该方法首先随机地将数据集切分为 K 个互不相交的大小相同的子集，然后用 $K-1$ 个数据子集训练模型，而利用余下的子集测试模型。在目前的多折交叉验证中，10 折交叉验证应用得最多（见图 1-8）。

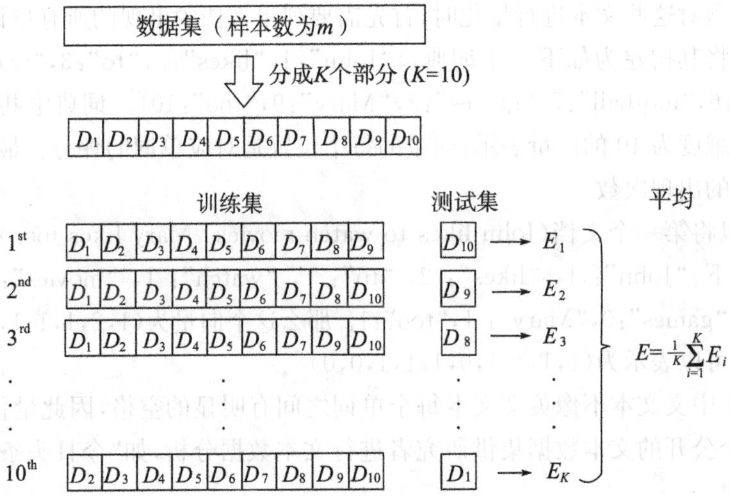

图 1-8　10 折交叉验证

K 折交叉验证的特殊情形是 $K=N$，此时称为留一交叉验证（leave-one-out cross validation），这里的 N 是数据集的样本总数。一般在数据严重缺乏的情况下使用留一交叉验证。

参考文献

[1] MERKLEY K, MICHAELY R, PACELLI J. Cultural diversity on Wall Street: evidence from consensus earnings forecasts[J]. Journal of Accounting and Economics, 2020, 70(1): 101330.

[2] AGRAWAL R. Mining association rules between sets of items in large databases[C]. In ACM Sigmod International Conference on Management of Data (ACM), 1993.

[3] HAN J, PEI J, YIN Y, et al. Mining frequent patterns without candidate generation: a frequent-pattern tree approach[J]. Data Mining and Knowledge Discovery, 2004, 8(1): 53-87.

[4] WANG L. Support vector machines: theory and applications[M]. Berlin Heidelberg: Springer, 2005.

[5] GOODFELLOW I, BENGIO Y, COURVILLE A. Deep learning[M]. Cambridge: MIT Press, 2016.

[6] TAN P, STEINBACH M, KUMAR V. 数据挖掘导论[M]. 范明，范宏建等译. 北京：人民邮电出版社，2013.

第2章 数据可视化

数据可视化是探索表达并展示数据含义的一种方法，是帮助人们对外部信息进行认知的过程[1]。数据可视化涉及图像处理、计算机视觉、计算机图形、人机交互等多个领域，被广泛应用于地理、医学、生物领域甚至政治选举、新闻传播等人文社科领域。合理的可视化图表不仅可以清晰直观地呈现出数据的关键信息，还可以提高数据的可信度，提升决策者的洞察力，从而帮助决策。

2.1 数据可视化简介

2.1.1 可视化的视觉变量

数据可视化需要在了解基本的可视化视觉变量的基础上实现。为此我们首先简单介绍可视化编码的基本视觉变量，包括静态变量和动态变量两部分。

常用的可视化编码的静态视觉变量包括：

(1)位置。用于展示数据在给定坐标系中分布情况的变量，可以表现数据的大小、顺序等差异。

(2)长度。用于展示或比较数据大小的变量。

(3)角度。表现数据结构或分布的变量，取值范围为 0°～360°。常用于饼状图中，用来体现不同类别数据的比例关系。

(4)方向。也叫斜度，用于反映数据的增长、下降或波动情况。

(5)形状。既包括点、线、面等基本的抽象符号，也包括一些源于现实世界的简化图示，如地图、建筑物、动植物等。

(6)面积与体积。用于体现数据大小差异的变量，可在二维空间或三维空间进行展示。

(7)色彩。最重要的数据可视化要素，包括色相、明度、纯度三要素。具有引起注意、提高区分度的作用。

随着可视化技术与工具的发展，可视化方法已经超越了静态空间的局限，发展成为集动画、声音及交互于一体的动态技术。可视化编码的动态视觉变量包括变化速率、变化次序、发生时长、频率、时刻、节奏、同步等要素。

(1)变化速率。结合静态视觉变量，用于反映场景变化的速度和幅度的变量。

(2)变化次序。反映场景出现先后顺序的变量。

(3)发生时长。场景从出现到消失的时间长度，用来定义动态现象的延续过程。

(4)频率。反映与发生时长相关的数据出现的频繁程度。

(5)时刻。数据场景产生的时间点。

(6)节奏。描述数据周期性的变化特征，经常与发生时长、变化速率及其他变量耦合在一起。

(7)同步。反映两个或多个时间序列之间的关系，可用于多个场景的时序校正。

2.1.2 可视化图表

数据可视化有多种展现方式，一般需要根据数据自身的特点以及可视化的目的，选择适合的图表进行展示。接下来，我们介绍一些常用的可视化图表。

(1)柱形图。柱形图主要通过矩形的长、宽展示不同组别的数据的差异。常用的柱形图有基础柱形图(见图 2-1)、堆叠柱形图、动态排序柱形图、阶梯瀑布图等。

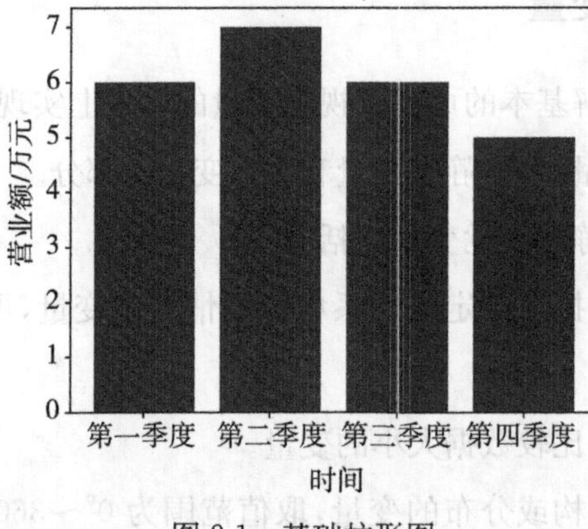

图 2-1 基础柱形图

(2)折线图。折线图是在直角坐标系下，由点和线段组成的统计图表，可表示数据随自变量(如时间)变化的情况。常用的折线图包括基础折线图[见图 2-2(a)]、堆叠折线图、区域面积图、平滑曲线图[见图 2-2(b)]、阶梯线图等。

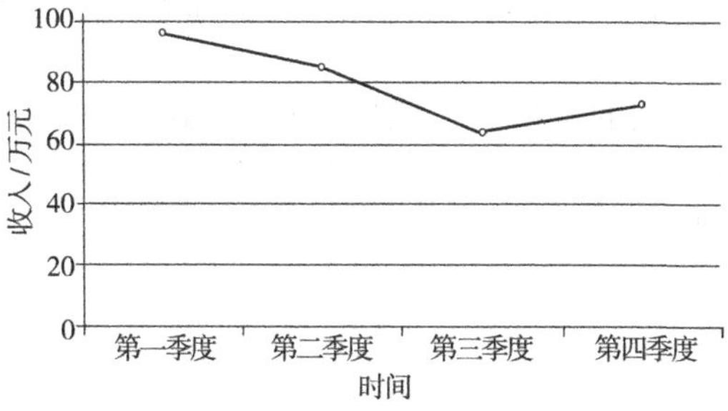

(a) 基础折线图

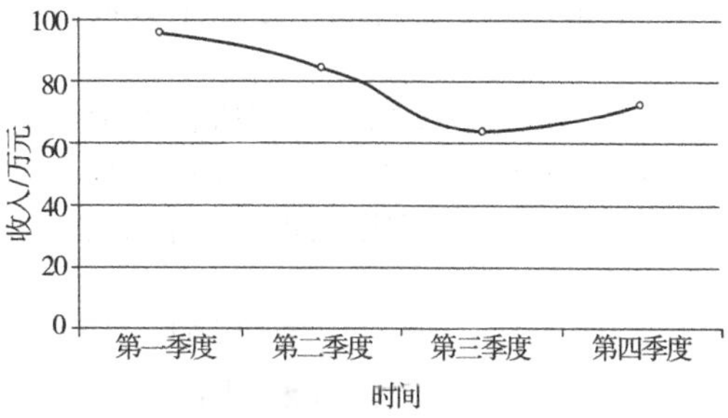

(b) 平滑曲线图

图 2-2　常见的折线图

(3)饼图。饼图是由若干扇形合成的圆形统计图表。每个扇形的弧长(圆心角或面积)大小,表示某一组数据占总体的比例。常用的饼图有基础饼图、圆环图[见图 2-3(a)]、南丁格尔图(玫瑰图)[见图 2-3(b)]。

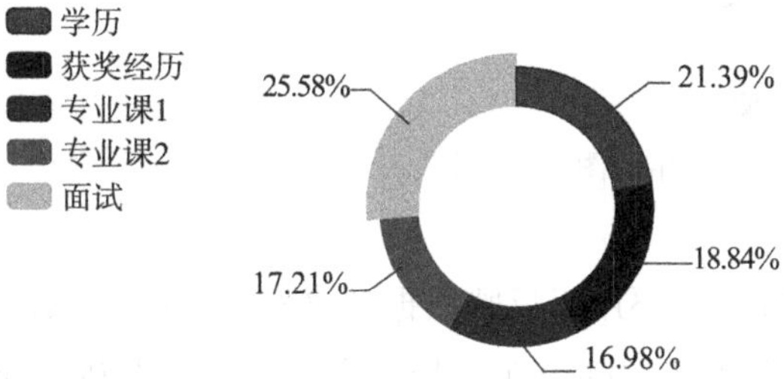

(a) 圆环图

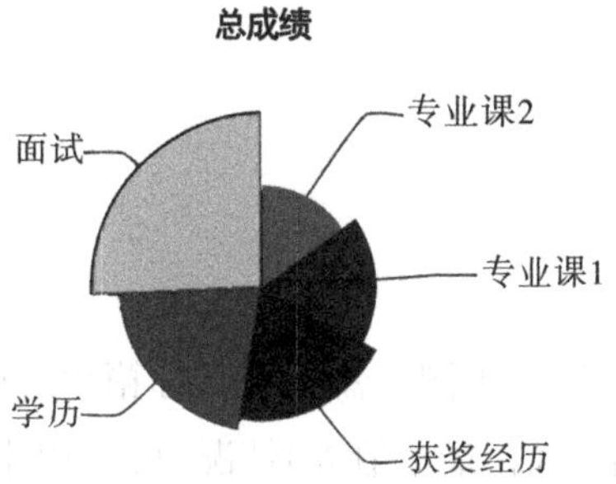

(b) 南丁格尔图

图 2-3　常见的饼图

(4)散点图。散点图也叫 X-Y 图,它将现有数据以点的形式展现在坐标平面上,点的位置由数据对应的向量坐标决定。散点图常用于发现数据之间的关系,适用于样本较多的情况。如果在数据量小的时候使用散点图,会显得比较混乱。常用的散点图有基础散点图(见图 2-4)、涟漪特效散点图、单点散点图等。

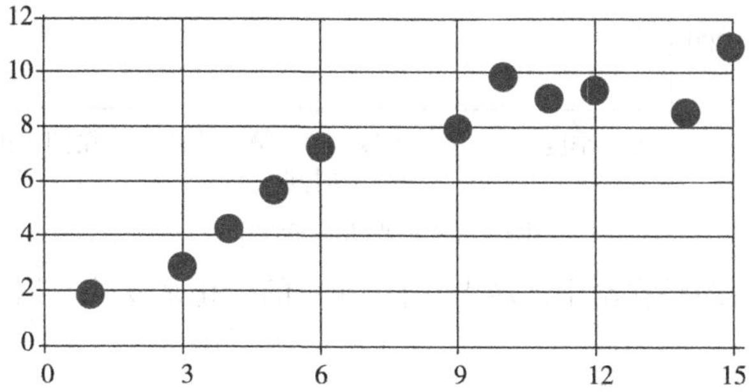

图 2-4　基础散点图

(5)地理图。地理图主要用于展示与地理位置相关的数据分布情况，以实际地图的形式呈现。

(6)雷达图。雷达图特别适合展示含有多个特征的数据，它一般从中心点出发，等角度划定若干条轴线，其中每条轴线对应数据的一种特征情况。雷达图能够很好地反映出数据内部特征的差异。常用的雷达图有基础雷达图(见图 2-5)、AQI-雷达图、多雷达图等。

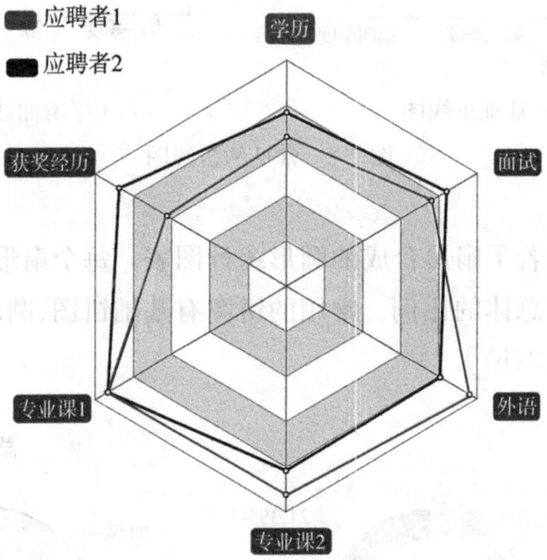

图 2-5　基础雷达图

(7)盒须图。盒须图又称箱形图或线箱图，主要用于反映数据的分布(比如中位数、四分位、最大值、最小值等)情况，可以用来比较多组数据的分布差异。盒须图包括基础盒须图、垂直方向盒须图(见图 2-6)、多系列盒须图等。

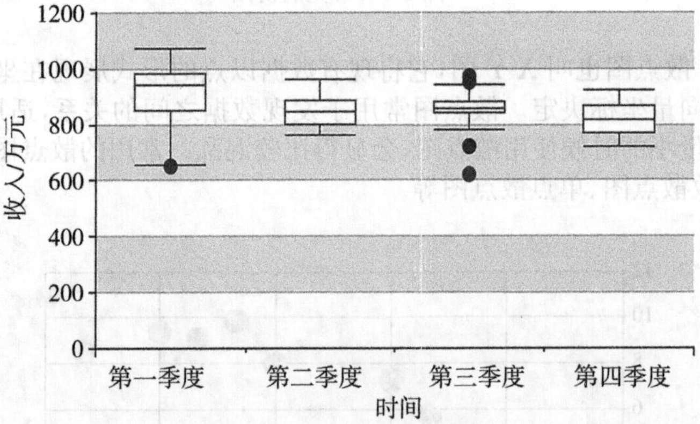

图 2-6　垂直方向盒须图

(8)热力图。热力图是在给定区域上，通过颜色的变化来反映数据分布的密度情况。图 2-7是标准热力图。

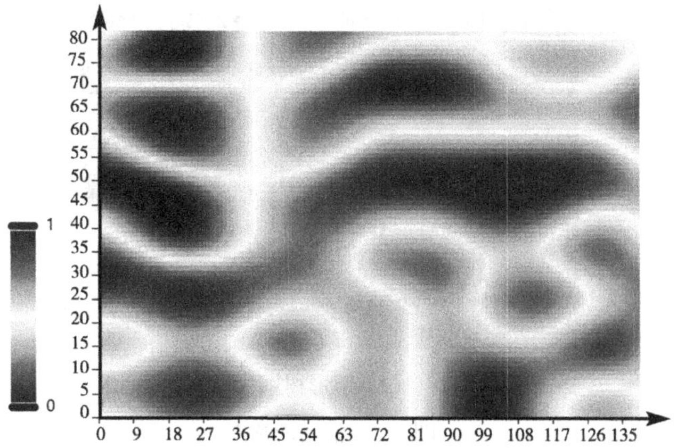

图 2-7　标准热力图

(9)树图。树图表示不同数据之间的层级和占比关系,可以用矩形面积的大小来表示对应类别数据的大小。图 2-8(a)和(b)分别是基础树图和矩形树图。

(10)词云图。词云图(见图 2-9)也称为文字云或标签云,就是将文本数据中的关键词进行可视化展示,通过文字的大小、颜色的变化来反映不同关键词的重要性。通常文字越大,表示该词在文本中出现的次数越多。

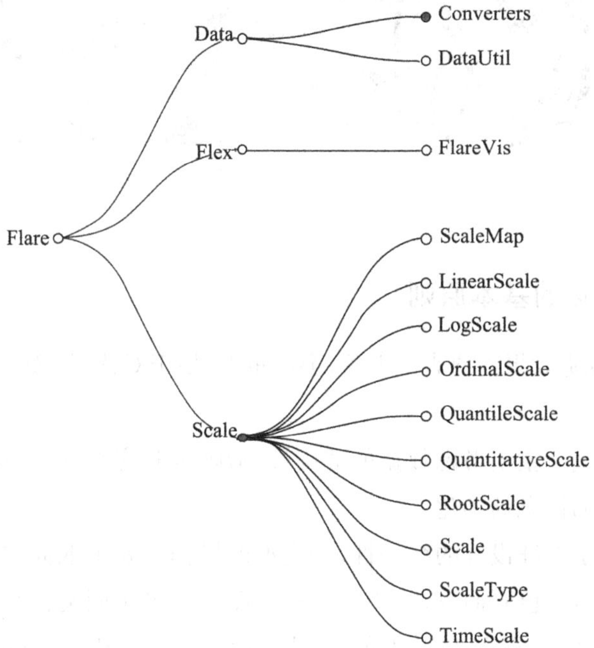

(a) 基础树图

(b) 矩形树图

图 2-8 常见的树图

图 2-9 词云图

2.1.3 数据可视化的基本原则

数据可视化的视觉效果需要表达形象、突出重点、易于对比、体现专业性，为此需要遵循三个基本原则：

(1)精确性。精确性主要考虑数据的准确性、清晰度和完整性，要让展现的信息能够直观易懂，切忌把简单的信息烦琐化。

(2)一致性。为了保证设计的统一性，同类型的操作需要采取同样的动作，保证视觉和交互的一致性。例如：就色彩而言，优秀的可视化图表或采用同类色组合，或采用互补色组合，或采用类似色组合，只有在用色风格上保持一致，才会使整体协调统一；就呈现风格而言，优秀的可视化图表或简单清新，或深沉凝重，要一种风格贯穿始终，切忌胡乱搭配，顾此失彼。

(3)可扩展性。可扩展性指预测用户对数据的深度、复杂性以及形式的潜在需求，确保可对不同设备、不同内容进行可视化展示。

2.2 数据可视化网络工具

除了专业的统计软件或数据分析软件外，互联网上有很多简单方便的可视化工具可供用户直接使用。这些网络工具具有简单易学、功能丰富的优点。这里以一些网站为例，介绍网络可视化工具的使用方法。

2.2.1 零基础编程可视化工具

2.2.1.1 WordArt

WordArt 是一个在线词云制作网站。即使是没有专业的平面设计技巧的用户，也可以轻松制作出美观实用的词云作品[2]。WordArt 的优点是使用方便，下载、制作过程免费，并且可以上传图形制作个性化形状的词云。但 WordArt 是英文界面，如果用户制作的词云是中文词语，则需要自行上传中文字体。

WordArt 的基本使用流程如下：

(1)登录 WordArt 的官网，点击 “CREATE NOW” (见图 2-10)。

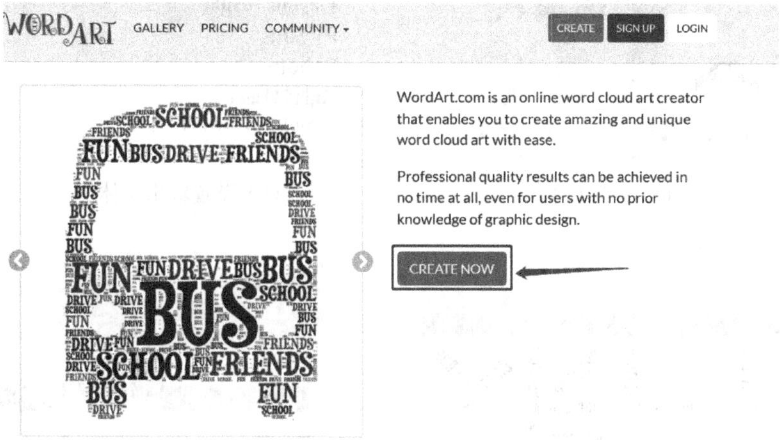

图 2-10 创建新的 WordArt 词云图

(2)点击 “Import”，打开文本输入对话框，在对话框中输入文本，并点击 “Import-Words” 加载文档内容(见图 2-11)。

(3)设置词云图参数：点击“SHAPES”，设置词云图的形状[见图 2-12(a)]；点击“FONTS”，设置输出字体[见图 2-12(b)]；点击“LAYOUT”，设置文字的排列方式[见图 2-12(c)]；点击“STYLE”，设置显示样式[见图 2-12(d)]。

(4)点击 “Visualize” ,生成词云[见图 2-13]。

(5)点击 “DOWNLOAD” ,就可以将生成的词云图下载到本地。

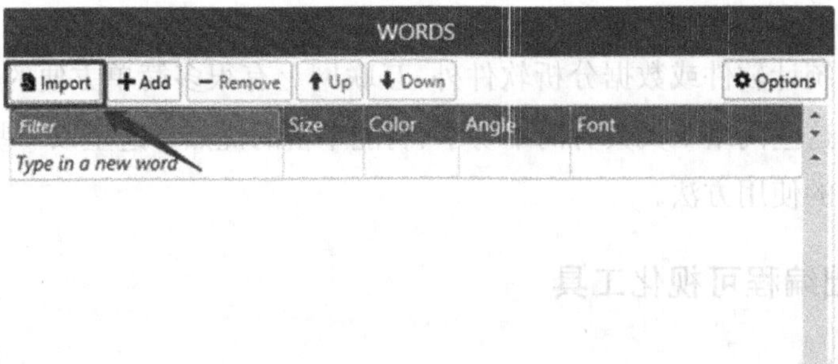

图 2-11 加载文档内容

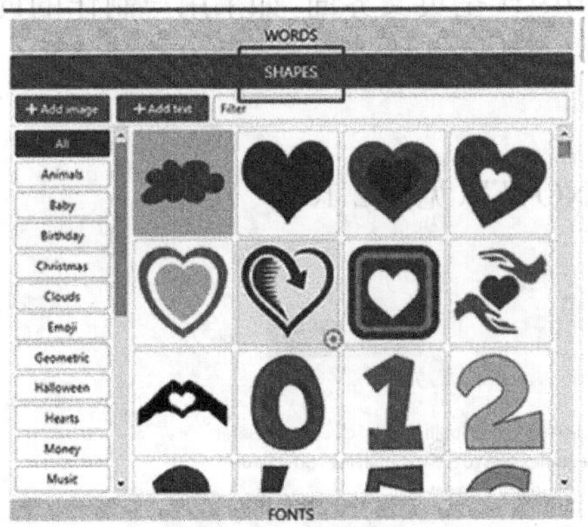

(a) 设置形状

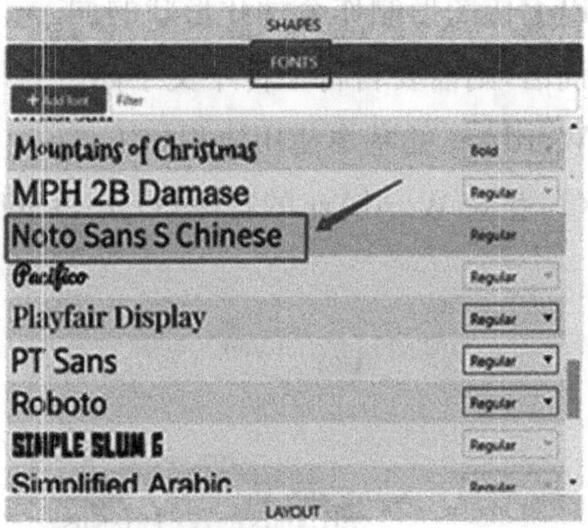

(b) 设置输出字体

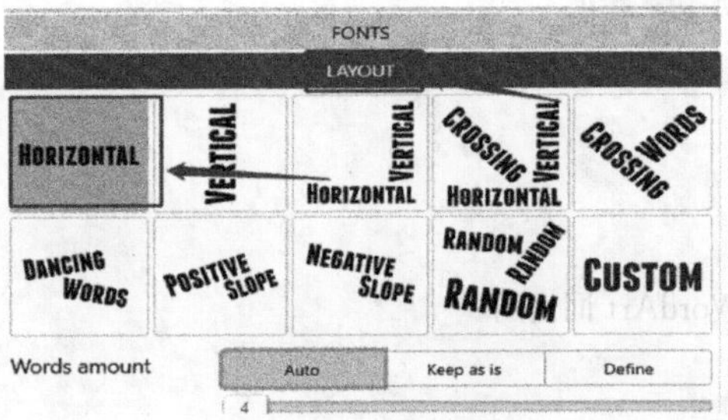

(c) 设置排列方式

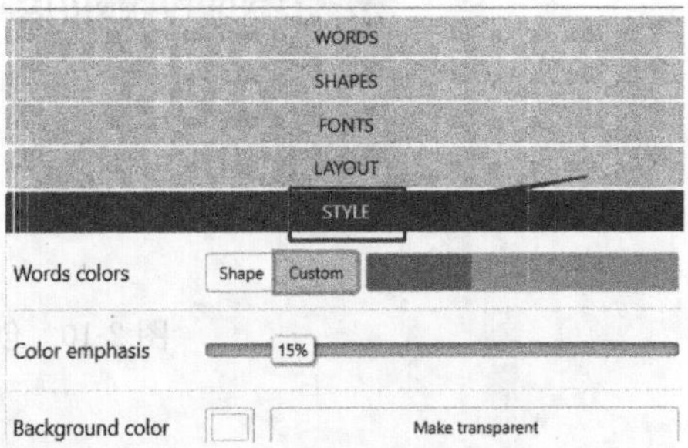

(d) 设置显示样式

图 2-12 设置词云图参数

图 2-13 词云的生成

2.2.1.2 Flourish

Flourish 是一个强大的数据可视化网站，输入数据即可一键生成可视化图片、网页交互图表、数据动图、矢量图表以及信息图表；支持用户自行上传数据，并提供功能丰富、简单易用的调整功能。使用方法如下：

(1)注册登录。虽然 Flourish 为英文界面，但是界面相对简单，可以使用浏览器自带的翻译功能完成操作。登录 Flourish 的主页，点击“Create new visualisation”创建新的可视化项目(见图 2-14)。

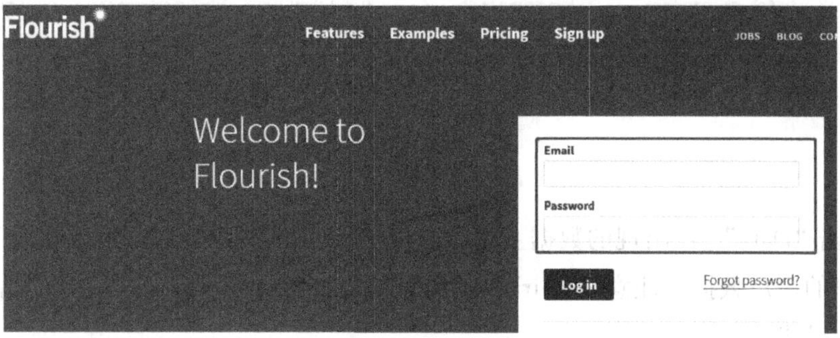

(a) Flourish 登录界面

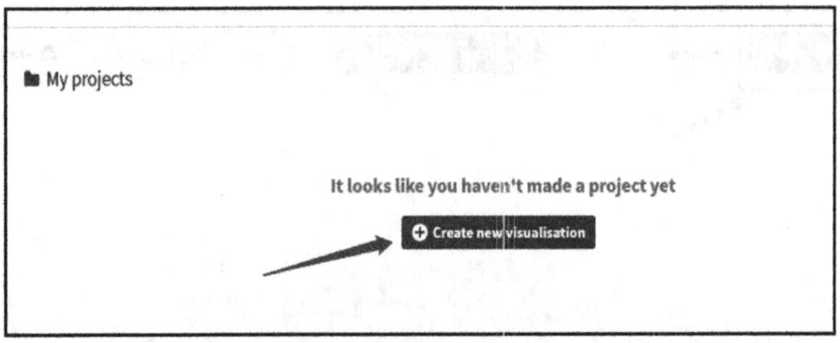

(b) Flourish 创建项目界面

图 2-14 创建新的项目

(2)进入模板选择页面(见图 2-15),选择其中一个模板后,界面上会显示“Preview”和“Data”两个选项,其中“Preview”可预览对应模板的效果,而“Data”是相应模板需要的数据。网页还提供了额外的选项,用户可以根据自己的需要对模板进行调整。

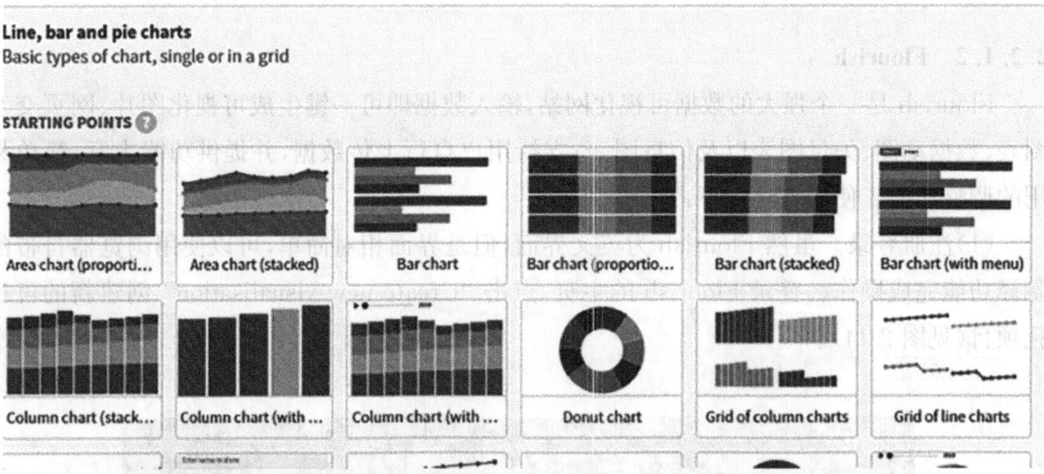

图 2-15 选择模板

(3)点击“Data”,在出现的数据上传界面(见图 2-16)中点击“Upload data”选项,上传预先准备好的用户数据。注意:Flourish 里的时间需要横向排列。上传好数据后选择“Import publicly”即可。

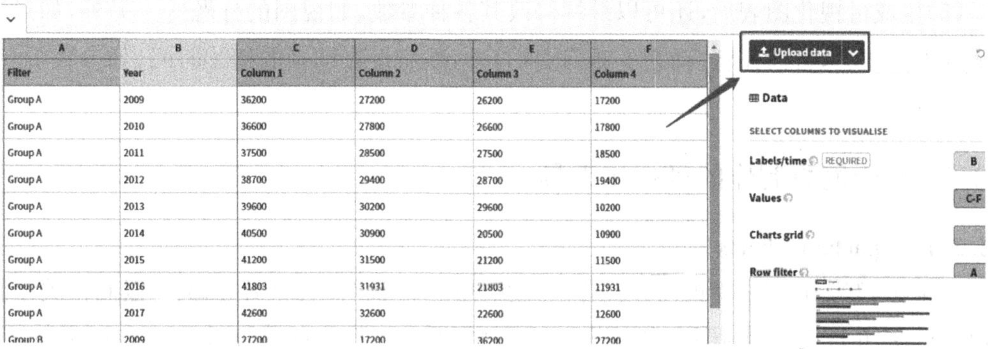

图 2-16　上传数据

(4)数据一旦上传成功,点击 “Create a story” 就可以根据已选择的模板制作出具体的可视化图表[见图 2-17(a)]。该界面还提供了“笔”的功能,用户可对可视化的结果进行标注[见图 2-17(b)]。此外,如果只需要静态效果,可选择 “Disabled”;如果需要动态图,则选择 “Enabled”。

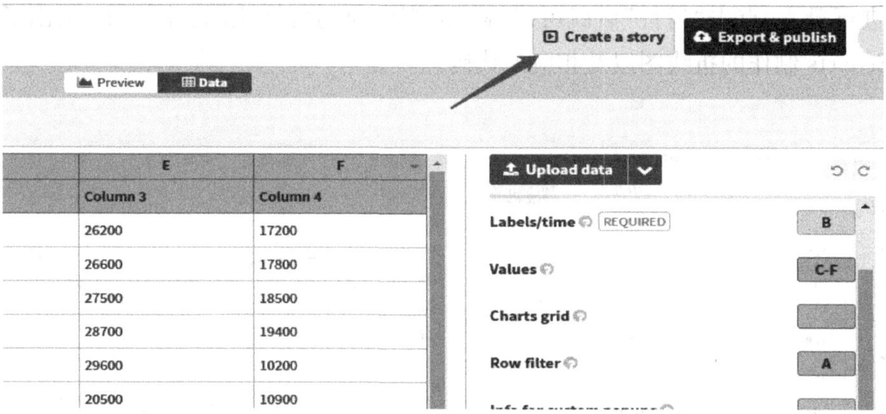

(a) 创建可视化结果

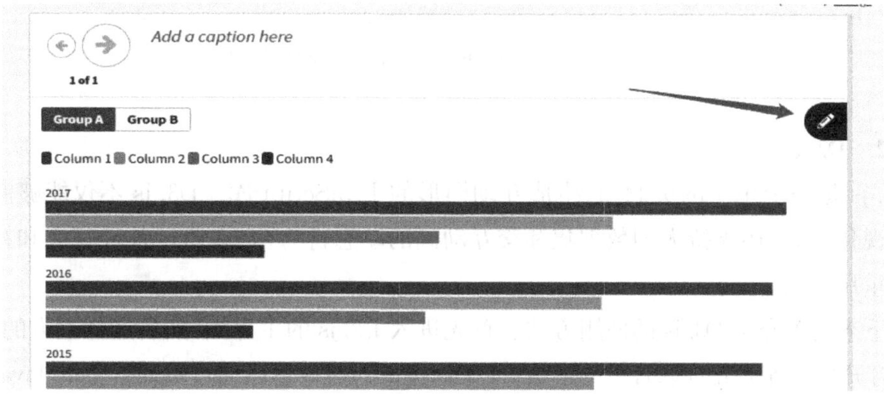

(b) 可视化结果

图 2-17　生成可视化结果

(5)生成可视化图表后,还可以继续修改其各种参数,如视图的标题等。另外,如果需要生成动态视频图,可以先将“动态 y 轴”选项打开,然后设置动画的持续时间(如参数 1000 相当于 1 秒)。

2.2.2 基于网页制作的可视化工具

2.2.2.1 Apache ECharts

Apache ECharts 是一个既可以制作常规折线图、柱状图、地理图等,又可以制作关系数据可视化图表,并且支持图与图之间混搭的在线制作网站。除了自带的图表,Apache ECharts 还支持自定义功能。用户只需要上传一个 renderItem 函数,就可以实现从数据映射到任何想要的图形。

接下来我们简单介绍 Apache ECharts 的使用方法。首先进入 Apache ECharts 的主页,然后直接点击“所有示例”,进入模板界面。模板界面的最左端是可视图大类,点击之后会显示对应的小类。用户可以根据数据的特点选择对应的模板,之后会进入模板的编程界面。编程界面支持的语言有 JavaScript 和 TypeScript。用户可以根据数据的实际情况在代码界面进行录入,点击“运行”后就可以得到数据对应的可视化图。图 2-18 给出了利用 Apache Echarts 制作的折线图以及相应的代码。

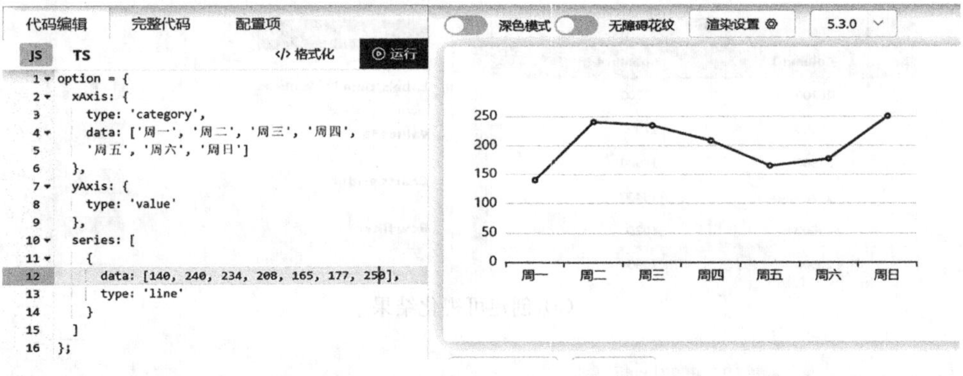

图 2-18 Apache ECharts 折线图制作效果

2.2.2.2 D3.js

D3.js 是一个用于网页制图、生成互动图形的 JavaScript 库。D3.js 不仅能够制作非常多的可视化图表,还支持大型数据集和交互动画的动态行为,允许通过各种官方和社区开发的模块重用代码。

接下来简单介绍 D3.js 的使用方法。首先进入 D3.js 的主界面,然后选择上方的“Examples”,打开模板界面并选取合适的模板。D3.js 提供的模板可以通过页面提供的 JavaScript 代码进行调整。一旦选定模板,编写代码导入数据文件,点击代码框右上角的三角号,即可得到可视化运行结果。图 2-19 给出了利用 D3.js 制作的柱状图以及相应的代码。

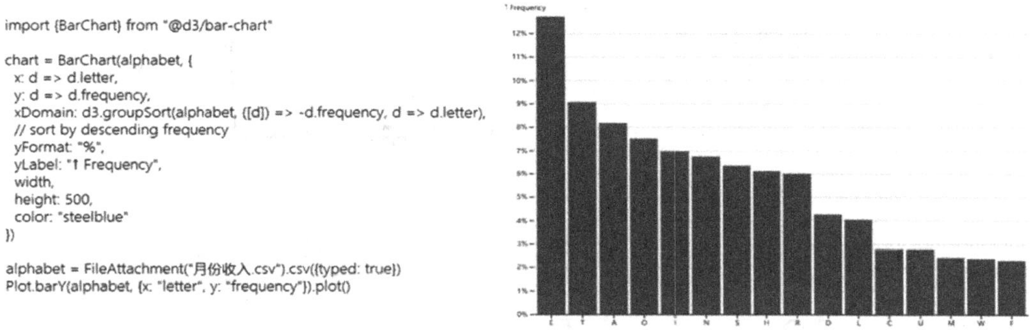
import {BarChart} from "@d3/bar-chart"
chart = BarChart(alphabet, {
x: d => d.letter,
y: d => d.frequency,
xDomain: d3.groupSort(alphabet, ([d]) => -d.frequency, d => d.letter),
// sort by descending frequency
yFormat: "%",
yLabel: "↑ Frequency",
width,
height: 500,
color: "steelblue"
})
alphabet = FileAttachment("月份收入.csv").csv({typed: true})
Plot.barY(alphabet, {x: "letter", y: "frequency"}).plot()

图 2-19　D3. js 柱状图制作效果

2.3　数据可视化案例

我们以新浪微博中关于“冬奥会”的话题为例，完整地给出一个涉及数据采集、分析以及可视化的简单示例。在这个示例中，我们尽可能多地使用一些网络工具。

2.3.1　数据的采集

对网络舆论的分析一般都是通过处理和分析相关的文本数据来实现的。为此，首先要做的是采集一定数量的与任务有关的文本数据。对于网络文本数据，可以通过“爬虫”技术，利用计算机自动下载搜集相关的内容。

制作爬虫程序有两种途径：一种是由专业的软件人员分析相关网页结构后编程实现；另一种是使用现成的网络爬虫工具，该方法具有简单、易上手的优点。需要指出的是，现成的网络下载工具一般存在较多限制，对有些特定网页可能难以搜集到足够数量和质量的数据。

下面我们以网络采集工具“集搜客”——GooSeeker 为例进行介绍。在 GooSeeker 的主页单击“产品”并选择“微博采集”，就可以进入微博采集工具箱页面(见图 2-20)。接下来，选择“关键词搜索结果”，输入关键词“冬奥会”进行微博数据的采集。我们共采集了 1400 多条微博文本数据，并保存为“冬奥会. txt”。其中 txt 文本的每一行对应一条微博。

图 2-20　GooSeeker 微博采集工具箱页面

2.3.2　文本分词及统计

文本数据分析的必要步骤是对文本进行分词处理，也就是根据文本的语义将其划分为若干具有实际含义的词语组合。对于中文文本的分词，我们可以借助现成的网络工具，如“微词云”、ROSTCM 等，将文本导入后即可得到相应的分词结果。当然，我们也可以利用开源的分词组件，如 Jieba、SnowNLP、FoolNLTK 等，结合特定计算机语言编程实现文本分词。

2.3.2.1　基于 ROSTCM 软件的文本分词

ROSTCM 是武汉大学研发编码的辅助人文社会科学研究的大型免费计算平台。该软件可以实现微博分析、聊天分析、全网分析、浏览分析、分词及词频统计、英文词频统计、流量分析、聚类分析等一系列文本分析[3]。

ROSTCM 需要在 Windows 环境下安装运行，所需要处理的文本数据需要保存为 txt 文本文件，每一行对应一条文本数据，文字的编码方式必须为 ANSI。

在 ROSTCM 的“功能性分析”下拉列表框中有一个“分词”选项，点击该选项即可打开分词窗口。在该窗口的“待处理文本”框中载入需要处理的文本数据文件（如“冬奥会.txt”），然后选择分词结果输出的文件名（如“冬奥会分词后.txt”），点击“确定”按钮，即可获得分词结果。图 2-21 给出了基于 ROSTCM 软件的关于“冬奥会”的部分分词结果，图中的数字为该分词出现的频率。如果需要增加一些词，还可以通过 ROSTCM 自定义文件中的“分词自定义词表”进行更改。

北京	18	闭幕	5
冬奥会	14	景观	5
冬奥	8	奥运	4
场馆	8	会的	4
残奥会	8	吉祥物	4
开闭幕式	5	服务	4

图 2-21　基于 ROSTCM 的部分分词结果

2.3.2.2　基于 Python 的 Jieba 组件的文本分词

Jieba 是一个免费的工具库。它在中文分词的速度和准确度方面功能非常强大，不仅可以进行简单分词、并行分词、命令行分词，还支持关键词提取、词性标注、词位置查询等功能。Jieba支持常用的编程语言，如 Python、C＋＋、Go、R、PHP，可以在 Windows、Android和 iOS 等多个平台下使用。

首先，我们介绍如何在 Python 中安装 Jieba。一种方法是在命令行界面通过快捷安装命令“pip install jieba”直接安装(见图 2-22)；另一种方法是通过开源镜像，使用命令“pip install-i https://pypi. tuna. tsinghua. edu. cn/simple jieba”进行安装。

[redacted] pip install -i https://pypi.tuna.tsinghua.edu.cn/simple jieba
Looking in indexes: https://pypi.tuna.tsinghua.edu.cn/simple
Collecting jieba
Downloading https://pypi.tuna.tsinghua.edu.cn/packages/c6/cb/18eeb235f833b726522d7ebed54f2278ce28ba9438e313
2a2/jieba-0.42.1.tar.gz (19.2 MB)
| 16.5 MB 726 kB/s eta 0:00:04

图 2-22　Jieba 快捷安装界面

接下来，我们介绍 Jieba 库中三个用于分词的函数。

(1)jieba. cut。对中文字符串分解后返回一个迭代器，需要使用 for 循环进行访问。下面给出 Python 语言中 jieba. cut 的用法示例。

```
#用法示例 cut
import jieba

seg_list_all=jieba.cut("我来到了山东烟台大学",cut_all=True)#全模式分割
print("Full Mode:"+"/".join(seg_list_all))
#Full Mode: 我/来到/了/山东/烟台/台大/大学

seg_list_accurate=jieba.cut("我来到了山东烟台大学",cut_all=False)#精确模式分割
print("Accurate Mode:"+"/".join(seg_list_accurate))
#Accurate Mode:我/来到/了/山东/烟台/大学
```

(2)jieba. lcut。该函数和 jieba. cut 类似,只不过对中文字符串分解后返回的是列表。

```
#用法示例 lcut
import jieba

seg_list_all=jieba. lcut("我来到烟台大学",cut_all=True)#全模式分割
print("Full Mode:",seg_list_all)
#Full Mode:['我','来到','烟台','台大','大学']

seg_list_accurate=jieba. lcut("我来到烟台大学",cut_all=False)#精确模式分割
print("Accurate Mode:",seg_list_accurate)
#Accurate Mode:['我','来到','烟台','大学']
```

(3)jieba. lcut for search。该函数和 jieba. cut 类似,对中文字符串分解后返回一个迭代器,需要使用 for 循环访问。只不过它采用的是搜索引擎模式,在精确模式的基础上,可对长词进行再次切分。

```
#用法示例 lcut for search
import jieba

seg_list_search=\
jieba. lcut_for_search ("我国冬残奥项目起步较晚代表团的参赛目标是:"
                        "向世界展示新时代中国残疾人自强不息的精神风貌,"
                        "展示我国冬残奥运动的发展成果努力争创佳绩为国
                        争光.")
print(seg_list_search)
#我国[",冬残奥",项目",起步",较晚",'.',代表",代表团",的",参赛",目标",是",':',
#向",世界",展示",新",时代",中国",残疾",残疾人",自强",不息",自强不息",的",
#精神",神风",风貌",精神风貌",',',展示",我国",冬残奥",运动",的",发展",
#成果",',',努力",争创",佳绩",',',争光",国争光",为国争光",'.']
```

此外,需要指出的是,cut for search 和 cut 函数支持繁体字的分词。

2.3.2.3 分词结果的统计展示

前面搜集的关于冬奥会的 1400 多条文本数据经过 ROSTCM 分词处理后,共发现 201 个高频词语。接下来我们可以利用词云图将高频词进行可视化的展示。制作词云的网络工具非常丰富,这里我们使用微词云网站。将前 114 个高频词语导入微词云网站,可以得到图 2-23 所示的词云图。

图 2-23　使用微词云制作的词云图

2.3.3　情感分析

对于文本数据，除了关键词的统计外，更重要的是需要研究文本背后的高级语义信息。情感分析可以根据文本中的词语分布，分析文本的立场和观点，对文本的情感倾向做出判断，通常用于舆情分析、口碑评价等场景。一般来说，情感分析需要对文本数据进行量化之后，再使用自然语言分析模型进行分析，这需要非常专业的机器学习技能。目前，网络上已经有很多现成的情感分析工具可以直接拿来使用，用户只需要将待分析的文本数据导入即可获得情感分析的结果。

以 ROSTCM 为例，进入软件的使用界面后选择“功能性分析”下的“情感分析”[见图 2-24(a)]，将需要进行情感分析的文本文件导入[见图 2-24(b)]，就可以快捷地得到相应的情感分析结果。

对于采集的冬奥会微博数据，图 2-25(a)给出了经过 ROSTCM 情感分析后的统计结果。其中带有消极情绪的微博有 213 条，占 14.30%；带有中性情绪的微博有 357 条，占24.08%；带有积极情绪的微博有 912 条，占 61.53%。对于这一统计结果，我们进一步利用 Apache ECharts工具将其制作成圆环图，对不同情感倾向的微博比例给予直观展示[见图 2-25(b)]。

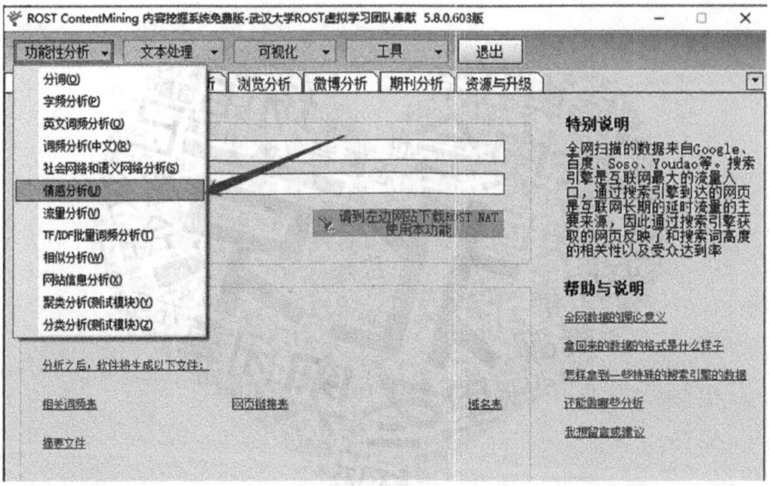

(a) 情感分析界面

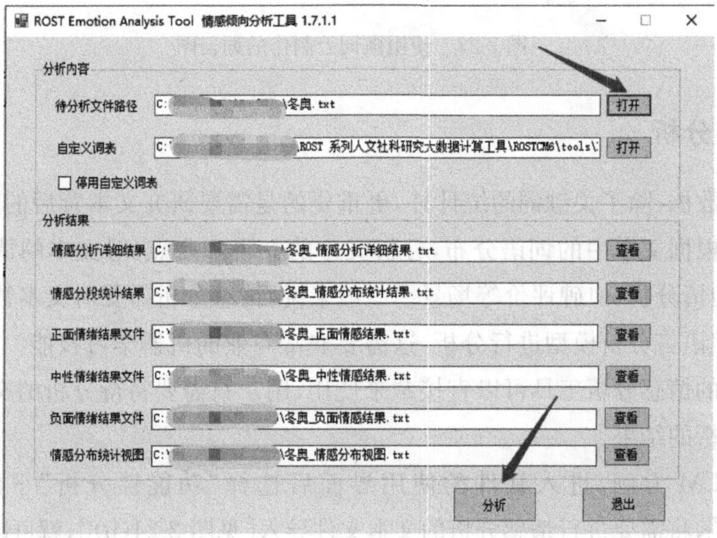

(b) 导入文本数据

图 2-24 ROSTCM 的情感分析

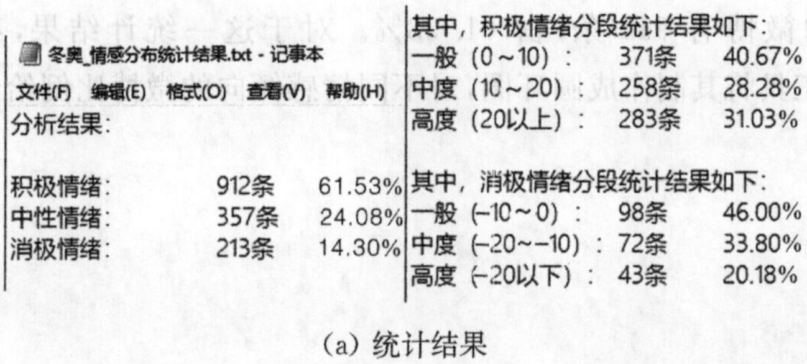

(a) 统计结果

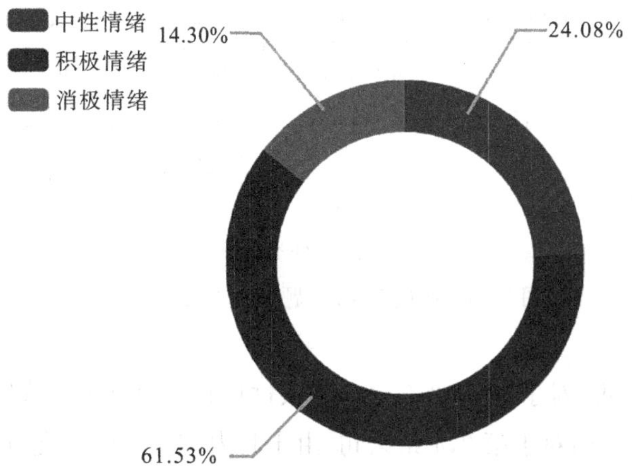

(b) 可视化结果

图 2-25 情感分析统计结果及可视化结果

2.3.4 通过 LDA 主题模型进行文本分析

在文本信息处理领域，隐含狄利克雷分布(Latent Dirichlet Allocation,LDA)是一种非常重要的主题模型，常用于文本分类[4]。LDA 由大卫·M. 布莱(David M. Blei)、安德鲁·Y. 恩吉(Andrew Y. Ng)和迈克尔·I. 乔丹(Michael I. Jordan)于 2003 年提出，用来推测文档的主题分布。它可以将文档集中每篇文档的主题以概率分布的形式给出。通过分析一些文档，抽取出它们的主题分布后，便可以根据主题分布进行主题聚类或文本分类。

这里我们将给出先前采集到的冬奥会微博数据，进行 LDA 主题模型文本分类的示例。首先将采集到的多组冬奥会微博数据进行分词，前 8 组的内容如图 2-26(a)所示；然后使用开源函数库“lda”，将主题数量设置为 3，通过 Python 代码进行 LDA 主题模型的文本分析，得到的结果如图 2-26(b)所示。可以看到，通过概率分析，程序会输出一个 $N\times3$ 的矩阵，其中 N 是词组的数量，每一行的三个值分别代表这组词和主题对应的概率。

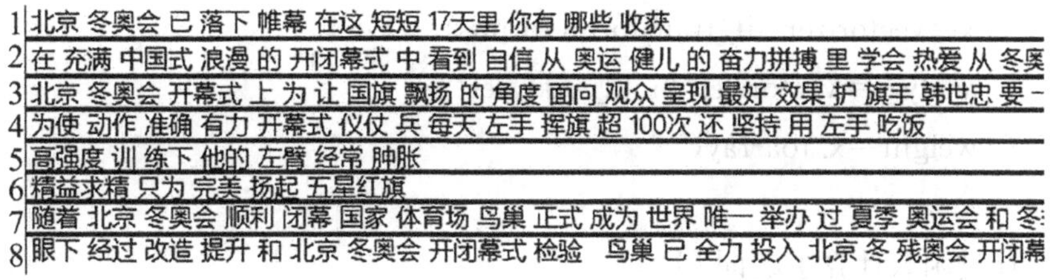
1 北京 冬奥会 已 落下 帷幕 在这 短短 17天里 你有 哪些 收获
2 在 充满 中国式 浪漫 的 开闭幕式 中 看到 自信 从 奥运 健儿 的 奋力拼搏 里 学会 热爱 从 冬奥
3 北京 冬奥会 开幕式 上 为 让 国旗 飘扬 的 角度 面向 观众 呈现 最好 效果 护 旗手 韩世忠 要一
4 为使 动作 准确 有力 开幕式 仪仗 兵 每天 左手 挥旗 超 100次 还 坚持 用 左手 吃饭
5 高强度 训 练下 他的 左臂 经常 肿胀
6 精益求精 只为 完美 扬起 五星红旗
7 随着 北京 冬奥会 顺利 闭幕 国家 体育场 鸟巢 正式 成为 世界 唯一 举办 过 夏季 奥运会 和 冬
8 眼下 经过 改造 提升 和 北京 冬奥会 开闭幕式 检验 鸟巢 已 全力 投入 北京 冬 残奥会 开闭幕

(a) 部分分类数据

1	用户编号	主题1(冬奥会)	主题2(奖牌)	主题3(运动员)
2	1	0.785059535	0.088836573	0.126103892
3	2	0.61817952	0.035083651	0.34673683
4	3	0.84281711	0.05566191	0.101520979
5	4	0.483055971	0.277145073	0.239798956
6	5	0.217507105	0.097312488	0.685180407
7	6	0.688199158	0.095306298	0.216494544
8	7	0.829158457	0.061694613	0.109146931

(b) 部分分类结果

图 2-26　通过 LDA 主题模型进行文本分类

通过观察可以发现，对于 第 1,3,5,6,7,8 条这种有着明显主题偏好的语句与主题 1,2,3 对应的概率非常高。而对于第 2,4 条语句，由于其内容涉及的主题并不显著，因此其对应任何一个主题词的概率都相差不大。这也充分说明了在 LDA 主题模型中，文本与不同主题词之间对应的概率反映了文本内容与主题词的相近程度。

关于 LDA 题模型的示例代码如下：

```
##主题模型文本分析代码 LDA
#引入必要的数据库
import numpy
from sklearn.feature_extraction.text import CountVectorizer
import lda
import lda.datasets

#读取文本内容，对内容向量化并计算权重
if __name__=="__main__":
    corpus=[]
    for line in open('冬奥分词_.txt','r',encoding='utf-8').readlines():
            corpus.append(line.strip())
    vectorizer=CountVectorizer()
    x=vectorizer.fit_transform(corpus)
    analyze=vectorizer.build_analyzer()
    weight=x.toarray()

#通过函数计算主题词 LDA
model=lda.LDA(n_topics=3,n_iter=100,random_state=1)
model.fit(np.asarray(weight))
topic_word=model.topic_word_
```

```
#计算文档主题分布
doc_topic=model.doc_topic_
a=doc_topic
#保存分布结果
numpy.savetxt('冬奥_LDA.csv',a,delimiter=',')
```

参考文献

[1] 陈为,沈则潜,陶煜波.数据可视化[M].北京:电子工业出版社,2013.

[2] LINDROTH L. How to get creative with WordArt[J]. Teaching Pre K-8,2004,36(4):25-26.

[3] 张幸芝,雷润玲,杨超.文本挖掘——基于 ROSTCM 和 NetDraw 的内容分析[J].科技文献信息管理,2017,31(1):17-21.

[4] JELODAR H,WANG Y,YUAN C,et al. Latent Dirichlet allocation (LDA) and topic modeling: models, applications, a survey[J]. Multimedia Tools and Applications,2019,78(11):15169-15211.

第 3 章 数据分析与优化

对数据初步了解后，读者可能会对如何分析和处理数据产生好奇。其实，大部分数据分析方法的本质都是优化算法。即使有些算法表面上看起来似乎并没有优化，但其背后往往也隐含着特殊的优化目标。因此我们在学习数据分析算法时，一定要先弄清楚优化的目标，然后再理解相应的数学模型。这里我们将对数据分析与优化的关系进行一些基本的介绍。

3.1 模型与优化目标

数据分析一般由模型框架、优化目标和求解算法三部分构成[1]。其大致的流程是：首先根据任务确定模型框架，然后设计数学优化问题，最后选择合适的算法对优化目标进行求解。

从抽象的角度来说，模型其实是符合学习要求的一个函数，它可以是显式的，也可以是隐式的。

以一个分类任务为例（见图 3-1），训练数据包含样本以及对应的类信息（标签），其中部分数据的类信息允许缺失。对于该问题，模型是一类函数 $h_\theta(\cdot)$（如线性函数），它可以将每个样本映射为相应的标签。函数的参数 θ 则需要通过所给的训练数据确定。

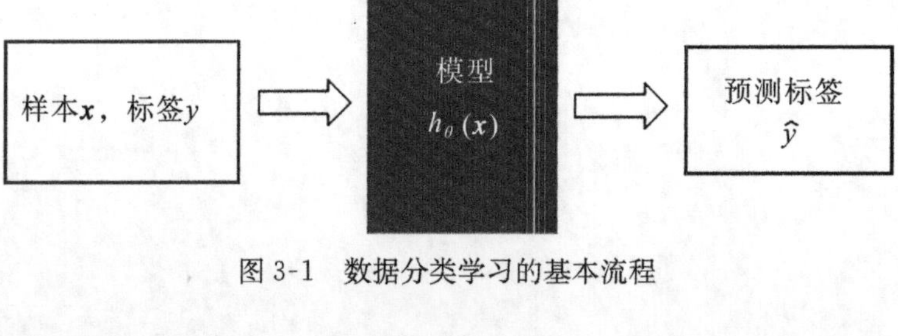

图 3-1　数据分类学习的基本流程

对于这个分类任务，我们有着明确的目标，即对每个样本 $\boldsymbol{x}$，经函数 $h_\theta(\cdot)$ 映射后的预测标签 $\hat{y}$ 与真实标签 y 一致。这个目标可以用如下数学优化模型来表达：

$$\min_\theta \frac{1}{|D|}\sum_{\boldsymbol{x}\in D} |\, y-h_\theta(\boldsymbol{x}) \,| \tag{3-1}$$

其中，D 表示训练集，$|D|$ 表示训练集中的样本总数。至此，一个数据分类任务就建模为一个数学优化问题。注意：上述优化目标中的 $|y-h_\theta(\boldsymbol{x})|$ 被称为样本 $\boldsymbol{x}$ 的损失。对于同一个

数据分析任务来说，即使模型一样，优化目标也是不唯一的，例如在式(3-1)中可以采用平方损失代替绝对损失。在实际问题中，不同的优化目标的求解难度和性能是不一样的。对于上述分类问题，考虑到计算的简便性和准确性，实际应用中的优化目标一般使用交叉熵损失。

在实际应用中，数据缺失的情况非常常见。我们希望构造一个针对缺失数据的插补模型 $h_\theta(\cdot)$，以把缺失的数据映射为完整的数据。为此，我们可以提供一组训练集，它包含诸多完整样本[见图 3-2(a)]，此时对每个完整样本 $\boldsymbol{x}$，我们可以随机地将其中某些元素设置为 0，得到人造的缺失样本 $\hat{\boldsymbol{x}}$[见图 3-2(b)]。

x_{11}	x_{12}	x_{13}	x_{14}	x_{15}	x_{16}
x_{21}	x_{22}	x_{23}	x_{24}	x_{25}	x_{26}
x_{31}	x_{32}	x_{33}	x_{34}	x_{35}	x_{36}

(a) 完整样本

x_{11}	×	x_{13}	×	x_{15}	x_{16}
×	x_{22}	×	x_{24}	x_{25}	×
x_{31}	×	x_{33}	x_{34}	×	x_{36}

(b) 缺失样本

图 3-2　完整样本与缺失样本

由于我们的目的是希望插补模型 $h_\theta(\cdot)$ 能够将每个缺失样本都准确地恢复为相应的完整样本，因此我们可以用如下优化模型表述：

$$\min_{\theta} \frac{1}{D} \sum_{\boldsymbol{x} \in D} [\boldsymbol{x} - h_\theta(\hat{\boldsymbol{x}})]^2 \tag{3-2}$$

经过求解确定模型参数 θ 后，就可以用模型对缺失数据进行恢复了。为了保证好的效果，实际需要定义的损失可能更为复杂。图 3-3 展示的是一个构建的插补模型在 MNIST 数据集上的恢复效果[2]。

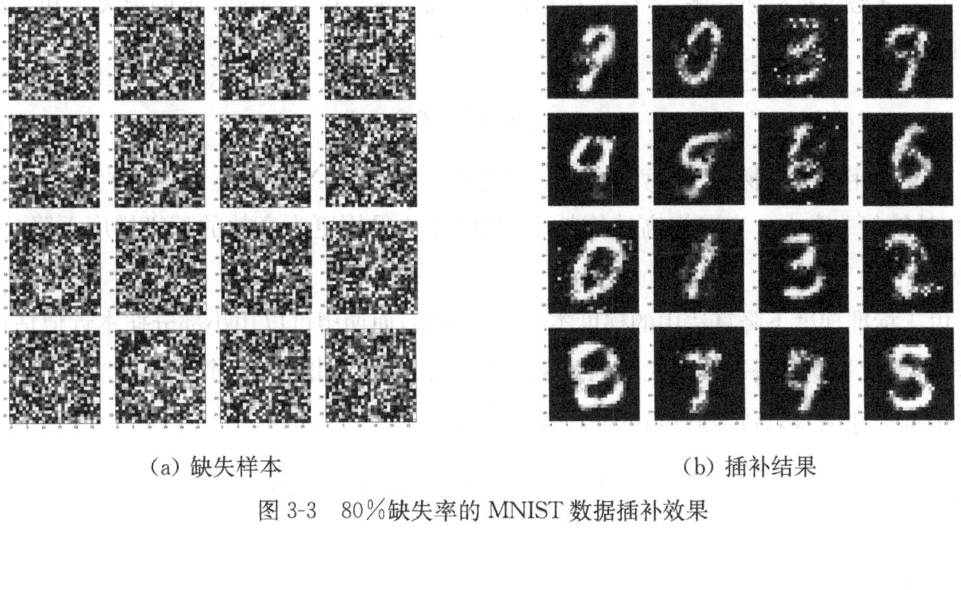

(a) 缺失样本　　(b) 插补结果

图 3-3　80%缺失率的 MNIST 数据插补效果

当构建完模型并形成优化目标以后，接下来就需要求解相应的优化问题了。一般数据分析中涉及的数据量大、数据形态复杂，因此相应的优化目标很难用经典的运筹学方法求解。一个行之有效的方法是利用迭代算法进行近似求解。

3.2 梯度下降算法

3.2.1 梯度下降与随机梯度下降

梯度下降算法是经典的求解优化问题的迭代算法，是最早用于求解凸优化的算法。其基本思想是以当前位置目标函数的负梯度方向为解的搜索方向。因为负梯度方向是函数在当前位置下降最快的方向，所以梯度下降算法也称为“最速下降法”或“下山算法”[3]。

不失一般性，设有如下最小化问题：

$$\arg\min_{\theta} f(\theta) \tag{3-3}$$

其中 $f(\theta)$是关于待求参数 θ 的函数，则相应的梯度下降算法为任给初始值 θ_0，对 $i=1,2,\cdots$，有

$$\theta_i = \theta_{i-1} - \lambda_i \nabla f(\theta_{i-1}) \tag{3-4}$$

其中 λ_i 为下降步长，也称为“学习率”，通常是人工确定的超参数。当目标函数 $f(\theta)$是凸函数时，θ_i 必定收敛于唯一的最优解。

在实际应用中，迭代停止的条件可设为 $|\nabla f(\theta_{i-1})| < \varepsilon$，其中 ε 是预设的一个足够小的正数。当然，也可以预设最大迭代次数。

在大多数数据分析任务中，优化目标往往可以表示为所有训练样本的损失之和，一般具有如下形式：

$$\arg\min_{\theta} \sum_{i=1}^{N} \mathcal{L}(\boldsymbol{x}_i;\theta) \tag{3-5}$$

如果采用标准的梯度下降算法，每一次迭代都要计算 N 个样本的梯度值，当样本量很大时，计算量非常大。为了提高计算效率，我们往往采用更为高效的随机梯度下降（SGD）算法[4]。

由于标准梯度下降算法中的梯度本身就是期望，而期望可以用小部分样本近似估计，于是，随机梯度下降算法每次迭代之前先从数据集中随机选出 $b<N$ 个样本 $\{\boldsymbol{x}_{(j)}\}_{j=1}^{b}$，用选出来的小批量样本去更新参数，相应的迭代公式为

$$\theta_i = \theta_{i-1} - \lambda_i \sum_{j=1}^{b} \nabla_{\theta} \mathcal{L}(\boldsymbol{x}_{(j)};\theta_{i-1}) \tag{3-6}$$

当 $b=N$ 时,则成为标准的梯度下降算法。

由于随机梯度下降算法每次迭代只使用少量样本,因此其计算速度非常快。但由于其忽略的样本量过多,因此迭代得到的近似解的误差很大。但是从长远来看,对于凸优化目标,最终仍然可以收敛于最优解。我们可以认为随机梯度下降算法是以损失部分局部精度以及增加一定数量的迭代次数为代价,使总的计算量减少。特别是在数据量大的时候,随机梯度下降算法具有明显的优势[4]。

需要强调的是,在复杂的数据分析模型中,譬如深度学习模型,优化目标一般不是严格的凸函数,但是我们仍然采用基于梯度的迭代算法进行近似求解,使得目标值尽可能小。虽然对于这样的非凸优化往往只能求得一些次优解,但是正是由于解的不确定性,才使得数据分析模型有了更多改进的可能性。

3.2.2　示例

用 $y=\theta_1 x_1 + \theta_2 x_2$ 拟合输入 $(1,4),(2,5),(5,1),(4,2)$ 及对应的输出 $19,26,19,20$。

梯度下降算法的示例代码如下:

```
1  import random
2  input_x=[[1,4],[2,5],[5,1],[4,2]]        #输入
3  y=[19,26,19,20]                           #输出
4  theta=[1,1]                               #参数 θ 初始化
5  loss=10                                   #先定义一个数 loss,为了进入循环迭代
6  step_size=0.01                            #步长
7  eps=0.0001                                #精度要求
8  max_iters=10000                           #最大迭代次数
9  error=0                                   #损失值
10 iter_count=0                              #当前迭代次数
11
12 err1=[0,0,0,0]                            #求梯度的中间变量
13 err2=[0,0,0,0]
14
15 while(loss>eps and iter_count<max_iters):#迭代条件
16     loss=0
17     err1sum=0
18     err2sum=0
19     for i in range (4):   #每次迭代所有的样本都进行训练
20         pred_y=theta[0] * input_x[i][0]+theta[1] * input_x[i][1] #预测值
```

```
            err1[i]=(pred_y-y[i]) * input_x[i][0]
            err1sum=err1sum+err1[i]
            err2[i]=(pred_y-y[i]) * input_x[i][1]
            err2sum=err2sum+err2[i]
        theta[0]=theta[0]-step_size *  err1sum/4
        theta[1]=theta[1]-step_size *  err2sum/4
        for i in range (4):
            pred_y=theta[0] * input_x[i][0]+theta[1] * input_x[i][1]#预测值
            error=(1/(2 * 4)) * (pred_y-y[i]) * * 2#损失值
            loss=loss+error #总损失值
        iter_count+=1
        print("iters_count",iter_count)
print('theta:',theta)
print('final loss:',loss)
print('iters:',iter_count)
```

随机梯度下降算法的示例代码如下：

```
import random
input_x=[[1,4],[2,5],[5,1],[4,2]]   #输入
y=[19,26,19,20]   #输出
theta=[1,1]          #θ参数初始化
loss=10              #先定义一个数 loss, 为了进入循环迭代
step_size=0.01       #步长
eps=0.0001           #精度要求
max_iters=10000      #最大迭代次数
error=0              #损失值
iter_count=0         #当前迭代次数

while(loss>eps and iter_count<max_iters):   #迭代条件
      loss=0
      i=random.randint(0,3)   #每次迭代从中随机选取一组样本进行权
      重的更新
      pred_y=theta[0] * input_x[i][0]+theta[1] * input_x[i][1]   #预测值
      theta[0]=theta[0]-step_size  * (pred_y-y[i]) * input_x[i][0]
```

```
        theta[1]=theta[1]-step_size *(pred_y-y[i])*input_x[i][1]
        for i in range(4):
            pred_y=theta[0]*input_x[i][0]+theta[1]*input_x[i][1]
              #预测值
            error=0.5*(pred_y-y[i])**2
            loss=loss+error
        iter_count+=1
        print ('iters_count ', iter_count)
print('theta: ',theta)
print ('final loss: ', loss)
print ('iters:', iter_count)
```

对于上述两个示例代码，读者可以运行比较结果。

3.3　过拟合与欠拟合

对于一个数据分析模型，我们不仅看重它在训练过程中的表现，更看重它在测试集（即之前没有见过的数据）中的表现（泛化性能），期望它有较小的测试误差或泛化误差。传统的数学优化问题在很多情况下不需要考虑泛化性能，这是数据分析与传统优化问题的一个重要区别。

过拟合和欠拟合是用来描述训练误差和测试误差表现的两种状态[1]。欠拟合可以理解为对训练数据的特征提取不充分，没有学习到数据规律，其表现为训练误差和测试误差都大；而过拟合可以理解为对训练数据的信息提取过多，不仅学习了数据的规律，还把其他干扰信息也当作规律进行了学习，其表现往往是训练误差小、测试误差大。

下面通过一个详细的例子来说明欠拟合和过拟合。从欠拟合图（见图 3-4）中可以看出，因为训练集中的天鹅图片过少，导致学习到的标准过于粗浅，因此不能准确识别出天鹅。而从过拟合图（见图 3-5）中可以看出，模型已经能够基本区分出天鹅和其他动物了，但是由于训练集中的天鹅图片全是白天鹅的，导致模型认为天鹅都是白的，以后看到黑天鹅就会误判。

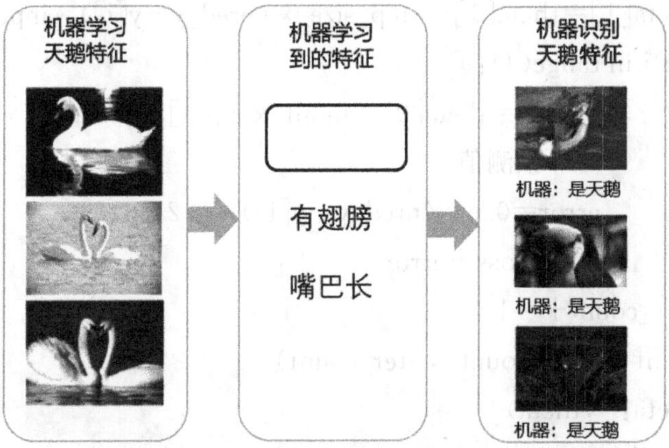

图 3-4　欠拟合

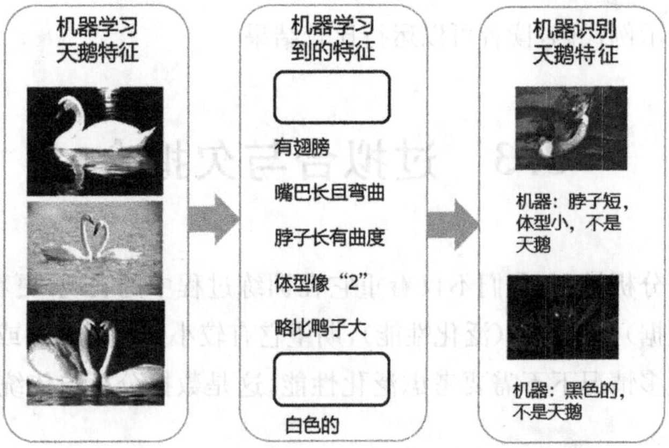

图 3-5　过拟合

导致欠拟合的原因一般是可供学习的数据过少，可以通过增加数据量来解决。导致过拟合的原因一般是模型过于复杂，可以通过降低模型的复杂度，如采用正则化[5]来解决，也可以通过添加更加全面的数据来改进这一问题。在进行数据分析任务时，一般容易忽视过拟合这一问题，使用第 2 章介绍的交叉验证有助于准确评估模型性能。

参考文献

[1] 李航. 统计学习方法[M]. 北京：清华大学出版社，2012.

[2] WANG Y，LI D，LI X，et al. PC-GAIN：pseudo-label conditional generative adversarial imputation networks for incomplete data[J]. Neural Networks，2021(141)：395-403.

[3] BALDI P. Gradient descent learning algorithm overview：a general dynamical systems

perspective[J]. IEEE Transactions on Neural Networks,1995,6(1): 182-195.

[4] BOTTOU L. Stochastic gradient descent tricks, neural networks: tricks of the trade [M]. Berlin Heidelberg:Springer,2012.

[5] WEI C,LEE J,LIU Q,et al. Regularization matters: generalization and optimization of neural nets vs their induced kernel[C]. In Neural Information Processing Systems (NIPS),2019.

第4章 特征工程

数据的特征并非越多越好，因为随着特征维度的增加，会引发维度灾难的问题[1]，即特征维度增加会导致数据分布变得稀疏。此时，如果仍要保证模型的性能，需要不断增加有效数据的数量。但是，实际问题中的数据量往往是有限的，有时需要付出一定的成本才能获得。

举个简单例子，现在需要在$[0,1]^d$的内部及其边界采样。为了保证采样效果，要求相邻样本之间的距离至少为0.1。如果样本是一维的，即$d=1$时，我们只需要采集11个样本；如果样本是二维的，也就是$d=2$时，则要采集$11^2=121$个样本；如果样本是n维的，则要采集11^n个样本。显然，随着数据维度的增加，为了满足采样距离的要求，需要采集的样本数将会呈指数增长。在实际应用中，高维数据比比皆是，如果不经过“降维”处理而直接使用的话，会因数据量的不足而使得模型的分析结果变得不可靠。

对数据特征进行删选、提取、降维等操作是数据分析中极其重要的步骤，将它们统称为“特征工程”。

4.1 数据预处理

数据预处理是数据使用前的基本操作，通过归一化、标准化等方法将所有的特征放在相同的量纲下进行考量，避免模型在学习过程中倾向大尺度特征，最终导致分析结果出现偏差。

4.1.1 归一化

归一化是对数据各部分特征进行区间缩放，将它们的值统一到同一区间内，消除量纲的影响。

常用的数据归一化方法为最值归一化(min-max normalization，MMN)方法，即对数据里的每个元素x，通过式(4-1)映射为$[0,1]$中的值：

$$x_{\mathrm{new}}=\frac{x-x_{\min}}{x_{\max}-x_{\min}} \tag{4-1}$$

其中，$x_{\min}$和$x_{\max}$分别是对应特征维度中的最小值和最大值。

对于最值归一化方法，当有新数据加入时，可能导致数据集中 x_{max} 和 x_{min} 的变化，同时 x_{max} 和 x_{min} 也非常容易受噪声的影响。但是，经最值归一化处理后的数据能够较好地保持原有的分布结构。

最值归一化的示例代码如下：

```
import numpy as np
from sklearn.preprocessing import MinMaxScaler
#调用 Python 中封装好的函数 SklearnMinMaxScaler
data=np.array([[1.0,2.0,3.0],[4.0,5.0,6.0]])
scaler=MinMaxScaler(feature_range=(0,1)).fit(data)
scaled_features=scaler.transform(data) #预处理后的数据
print(scaled_features)
```

4.1.2 标准化

标准化是在不改变原始数据分布的前提下，将数据按一定比例进行缩放。常用的标准化方法为 Z-Score 标准化(zero-mean normalization)，即对数据里的每个元素 x，令

$$x_{new}=\frac{x-\mu}{\sigma} \tag{4-2}$$

其中，μ 是对应特征维度的均值，σ 是标准差。

显然，如果 $x \sim N(\mu,\sigma^2)$ 是正态分布，则

$$\frac{x-\mu}{\sigma} \sim N(0,1) \tag{4-3}$$

Z-Score 标准化的示例代码如下：

```
import numpy as np
from sklearn.preprocessing import StandardScaler
#调用 Python 中封装好的函数 SklearnStandardScaler
data=np.array([[1.0,2.0,3.0],[4.0,5.0,6.0]])
sc_X=StandardScaler()
sc_X=sc_X.fit_transform(data)
print(sc_X)
```

与最值归一化方法相比，Z-Score 标准化方法更适合处理稀疏数据。此外，当数据量较大时，Z-Score 标准化方法能将所有维度的数据特征都统一成标准的正态分布(中心极限定理)，虽然改变了数据的分布，但是这个性质有时能起到特殊作用，如比较来自不同分布的数据。

4.2 特征选择

解决维度灾难问题，一个比较直接的方法是对原始数据的特征进行删选，去掉一些次要的特征维度，只留下重要的特征维度，相应的方法统一称为“特征选择方法”。

4.2.1 方差选择法

对于数据的分组任务，如果数据的某个特征维度的方差接近0，则说明数据在这个特征上基本没有什么差别，这个特征对于区分数据的类别是没有什么帮助的，因此可以去掉。

方差选择法(variance threshold，VT)首先计算各个特征维度的方差，然后保留前 K 个具有较大方差的特征维度或者保留方差大于给定阈值的维度。

方差选择法的示例代码如下：

```
X=[[0,0,1],[0,1,0],[1,0,0],[0,1,1],[0,1,0],[0,1,1]]
sel=VarianceThreshold(threshold=(0.16)) #定义方差的删选阈值
print(sel.fit_transform(X))
```

上述代码中，如果不给出函数 VarianceThreshold()的阈值参数，则默认移除方差为0的特征。

需要注意的是，方差选择法只有在元素值是离散型时才能使用。如果某个维度的元素取值是连续型的，则需要先对这个维度的取值进行离散转化以后，才能使用方差选择法。

4.2.2 相关系数法

如果数据分析任务有明确的已经量化好的目标值 y，则可以通过计算每个特征维度 x 与目标 y 之间的相关性，去掉与目标相关性较低的特征维度[2]。

皮尔逊相关系数是用来度量两个变量之间相关性的常用统计量，具体计算公式为

$$\rho=\frac{E[(x-\mu_x)(y-\mu_y)]}{\sigma_x\sigma_y} \tag{4-4}$$

其中，μ_x 表示特征 x 的均值，而 μ_y 表示目标 y 的均值，σ_x 和 σ_y 分别为两者的标准差。皮尔逊相关系数的取值在−1到1之间，−1代表负相关，1代表正相关，0代表不相关。特征与预测值的相关系数的绝对值越接近1时，特征的变化趋势与预测值的变化趋势越具有高度的一致性(反向或同向)，即这些特征对预测值产生的影响也越大。因此，在特征选择过程中，优先选择相关系数绝对值大的特征。

需要注意的是，皮尔逊相关系数只能度量变量间的“线性”关系，因此多用于简单的数据

回归学习任务。

相关系数法的示例代码如下：

```
def corr(vector_A,vector_B): #计算向量 vector_A 和 vector_B 的相关系数
    if vector_A.shape[0] != vector_B.shape[0]: #判断两个向量维度是否一致
        raise Exception('The Vector must be the same size')
    vector_A_mean,vector_B_mean=np.mean(vector_A),np.mean(vector_B) #计算向量的均值
    vector_A_diff,vector_B_diff=vector_A-vector_A_mean,vector_B-vector_B_mean
    #原始向量减去各自的均值
    molecule=np.sum(vector_A_diff * vector_B_diff)
    #然后相乘求和,计算上述公式的分子
    denominator=np.sqrt(np.sum(vector_A_diff**2) * np.sum(vector_B_diff**2))
        #计算上述公式的分母
    return molecule / denominator #得到相关系数
print(corr(np.array([1,2,3,4,5]),np.array([1,4,7,10,13])))
print(corr(np.array([1,2,3,4,5]),np.array([13,10,7,4,1])))
print(corr(np.array([1,2,3,4,5]),np.array([7,10,4,13,1])))
```

4.2.3　互信息法

互信息度量的是两个变量之间共有的信息量的大小。相比之前的皮尔逊相关系数只能度量线性关系，互信息可以检测非线性关系[3]。

对于离散型随机变量而言，互信息的计算公式为

$$I(x;y)=\sum_{x,y}p(x,y)\ln\left[\frac{p(x,y)}{p(x)p(y)}\right] \tag{4-5}$$

而对于连续型随机变量，互信息的计算公式为

$$I(x;y)=\iint p(x,y)\ln\left[\frac{p(x,y)}{p(x)p(y)}\right]\mathrm{d}x\mathrm{d}y \tag{4-6}$$

其中，$p(x,y)$是 x 和 y 的联合概率密度函数，$p(x)$和 $p(y)$分别是其边缘概率密度函数。

利用凸函数的性质，可知互信息满足

$$\begin{aligned}I(x;y)&=-\sum_{x,y}p(x,y)\ln\left[\frac{p(x)p(y)}{p(x,y)}\right]\\&\geqslant-\ln\left[\sum_{x,y}p(x,y)\frac{p(x)p(y)}{p(x,y)}\right]=-\ln 1=0\end{aligned}$$

连续的情形亦有同样的结论，并且当且仅当 x 和 y 互相独立时，互信息为 0。

两个变量的互信息越大，则包含的共有信息越多。互信息特征选择方法主要是去掉那些与目标之间互信息较小的特征维度，既可以用于简单的数据回归学习任务，也可以用于复杂的分类学习任务。

互信息法用于线性回归的示例代码如下：

```
from sklearn.feature_selection import SelectKBest
from sklearn.feature_selection import mutual_info_regression
from sklearn.datasets import load_boston
dataset_boston=load_boston()
#传入 sklearn.datasets 中的波士顿房价数据集，原始数据特征维度为 13
data_boston=dataset_boston.data #数据
target_boston=dataset_boston.target # 目标
selector=SelectKBest(score_func=mutual_info_regression,k=4)
#设置函数，计算前四位得分最高的特征
selector.fit(data_boston,target_boston) #函数调用
Scores=selector.scores_ #输出所有特征的得分
GetSupport=selector.get_support(True)
#被选出的特征的序号（对应的是原数据集中的列数）
TransX=selector.transform(data_boston)
#被选出的特征的特征值
print('Scores:',Scores)
print(TransX)
```

互信息法用于分类问题的示例代码如下：

```
from sklearn.feature_selection import SelectKBest
from sklearn.feature_selection import mutual_info_classif
from sklearn.datasets import load_iris
dataset_iris=load_iris()
#传入 sklearn. datasets 中的数据集 iris
data_iris=dataset_iris.data
target_iris=dataset_iris.target
selector=SelectKBest(score_func=mutual_info_classif,k=2)
#设置函数#，计算前两位得分最高的特征
selector.fit (data_iris,target_iris)
Scores=selector.scores_ #输出所有特征的得分
```

```
GetSupport=selector. get_support(True)
#被选出的特征的序号（对应的是原数据集中的列数）
TransX=selector. transform(data_iris)
#被选出的特征的特征值
print('Scores：',Scores)
print(TransX)
```

上面的例子仅仅考虑了特征与目标之间的互信息关系。实际上，为了避免特征冗余的问题，还需要考虑特征与特征之间的互信息，如果两个特征之间的互信息很大，则有可能只需要保留其中一个特征。因此，互信息的特征选择还有许多更为全面的改进算法。

4.3 特征降维

特征降维不是直接对原始的特征进行删选，而是对经过变换以后生成的新特征进行删选。这样除了能够降低特征维度以外，还有助于消除特征之间的相关性和冗余性，使得新特征彼此间具有更好的独立性。

特征变换可以是线性的，也可以是非线性的。其中基于线性变换的经典特征降维方法有主成分分析（principal component analysis，PCA）[4]和线性判别分析（linear discriminant analysis，LDA）[5]。这两种线性降维方法的目的有以下不同：PCA 方法要使降维后的数据保留尽可能多的原始信息，具有最小的重构损失；LDA 方法则是希望降维后的数据保留更好的类别区分度。非线性降维方法比较常用的是自编码器，它是基于深度神经网络的非线性变换方法，非常适合处理高维的非结构化数据。

4.3.1 主成分分析（PCA）

设数据 $\boldsymbol{x} \in \mathbb{R}^d$，经变换后我们期望得到一个降维的数据 $\boldsymbol{v} \in \mathbb{R}^k$ 满足

$$\boldsymbol{v}=\boldsymbol{W}^{\mathrm{T}}\boldsymbol{x} \tag{4-7}$$

其中 $\boldsymbol{W} \in \mathbb{R}^{d\times k}(k < d)$是待求的线性变换矩阵。

主成分分析的主要目的是确定最优的变换矩阵 $\boldsymbol{W}$，使得降维后的数据信息损失最小。其基本思路是根据数据的分布，计算一组新的标准正交基，在每个基向量上保留尽可能大的数据分布信息（数据的方差）。此时，将原始的数据投影到这些正交基上就可以得到新的坐标表示（新特征），同时根据正交基上数据分布的方差大小进行降维即可。

如图 4-1 所示，主成分分析通过线性变换将一组二维数据投影到 w_1 方向，该方向上数据方差最大，保留了数据分布的最主要特征，因此 w_1 称为“第一主成分”，而与 w_1 正交的 w_2 则称为“第二主成分”。

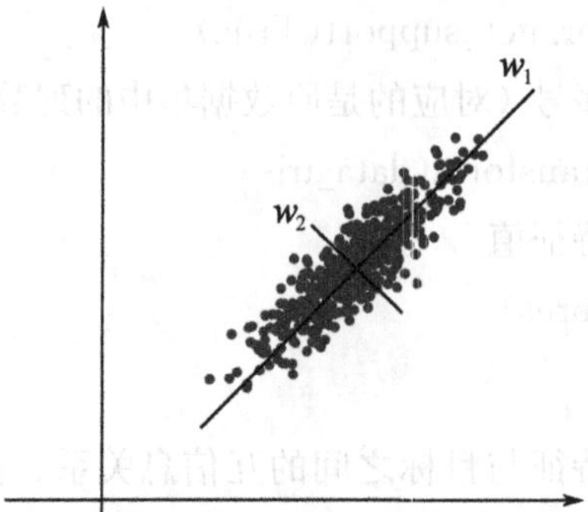

图 4-1　二维数据主成分分析示例

接下来，我们将具体推导主成分的计算方法。为了推导的简便，假设数据集已经中心化，即所有数据的均值在原点。在实际应用中，如果数据不满足中心化条件，需要将每个数据减去整个数据集的均值后再进行主成分分析。

设 $\boldsymbol{x}\in\mathbb{R}^d$ 是任一原始样本，待确定的主成分（标准正交基）为 $\boldsymbol{w}_i\in\mathbb{R}^d, i=1,2,\cdots,d$，则在新的坐标基底下，$\boldsymbol{x}$ 可表示为

$$\boldsymbol{x}=\sum_{i=1}^{d} v_i\boldsymbol{w}_i=\sum_{i=1}^{d}(\boldsymbol{x}^{\mathrm{T}}\boldsymbol{w}_i)\boldsymbol{w}_i \tag{4-8}$$

显然，在由 $\{\boldsymbol{w}_i\}$ 所确定的坐标系下，原样本具有新的特征表示 $(v_1,v_2,\cdots,v_d)^{\mathrm{T}}$。

由于 $\boldsymbol{w}_i(i=1,2,\cdots,d)$ 为标准正交基，如果对新的特征仅仅保留其前 k 个特征维度，则每个样本 $\boldsymbol{x}$ 的信息损失是

$$\left\|\sum_{i=k+1}^{d} v_i\boldsymbol{w}_i\right\|_2^2=\sum_{i=k+1}^{d} v_i^2=\sum_{i=k+1}^{d}\boldsymbol{w}_i^{\mathrm{T}}\boldsymbol{x}\boldsymbol{x}^{\mathrm{T}}\boldsymbol{w}_i \tag{4-9}$$

最后一个等式用到了 $v_i=\boldsymbol{x}^{\mathrm{T}}\boldsymbol{w}_i$ 这一关系。

主成分分析的优化目标是对于给定的 k，寻找一组标准正交基 $\{\boldsymbol{w}_i\}_{i=1}^{d}$，使得整个数据集降维后的平均信息损失尽可能的小，即

$$\min_{\{\boldsymbol{w}_i\}}\sum_{i=k+1}^{d}\boldsymbol{w}_i^{\mathrm{T}}\left(\frac{1}{N}\sum_{\boldsymbol{x}}\boldsymbol{x}\boldsymbol{x}^{\mathrm{T}}\right)\boldsymbol{w}_i \tag{4-10}$$

其中，N 表示样本总数。记 $\boldsymbol{R}=\frac{1}{N}\sum_{\boldsymbol{x}}\boldsymbol{x}\boldsymbol{x}^{\mathrm{T}}$ 为数据集的协方差矩阵。上述优化问题可以通过拉格朗日（Lagrange）乘子法[6]进行求解。定义如下 Lagrange 函数：

$$L(\boldsymbol{w}_{k+1},\cdots,\boldsymbol{w}_d)=\sum_{i=k+1}^{d}\boldsymbol{w}_i^{\mathrm{T}}\boldsymbol{R}\boldsymbol{w}_i-\sum_{i=k+1}^{d}\lambda_i(\boldsymbol{w}_i^{\mathrm{T}}\boldsymbol{w}_i-1) \tag{4-11}$$

其中，λ_i 为 Lagrange 乘子。令 Lagrange 函数关于 $\boldsymbol{w}_i$ 的梯度为零，可得

$$\boldsymbol{R}\boldsymbol{w}_i=\lambda_i\boldsymbol{w}_i \tag{4-12}$$

由此可知待求的主成分 $\boldsymbol{w}_i$ 是数据集协方差矩阵 $\boldsymbol{R}$ 的特征向量，而 Lagrange 乘子 λ_i 是相应

特征向量的特征值。由 $\boldsymbol{R}$ 的结构可知它是半正定的，因此必定有 $\lambda_i \geqslant 0$。

将式(4-12)代入式(4-10)，由于$\{\boldsymbol{w}_i\}$是标准正交基，可知经变化且降维后的信息损失为 $\sum_{i=k+1}^{d}\lambda_i$，显然 $\lambda_{k+1},\cdots,\lambda_d$ 越小，信息损失也就越小，而保留下来的数据信息为 $\sum_{i=1}^{k}\lambda_i$。

不妨设协方差矩阵 $\boldsymbol{R}$ 的最大特征值为 λ_1，则我们应该将 λ_1 对应的特征向量选为第一主成分 $\boldsymbol{w}_1$。同理，将第二大特征值对应的特征向量选为第二主成分 $\boldsymbol{w}_2$。以此类推，才能保证降维后的数据信息损失最小。

在实际应用中，如果我们希望将信息损失控制在 10%以内，则只需要由大到小选择前 k 个特征值，使得

$$\frac{\sum_{i=1}^{k}\lambda_i}{\mathrm{Tr}(\boldsymbol{R})} := \frac{\sum_{i=1}^{k}\lambda_i}{\sum_{i=1}^{d}\lambda_i} > 0.9 \tag{4-13}$$

其中，$\mathrm{Tr}(\boldsymbol{R})$为协方差矩阵 $\boldsymbol{R}$ 的迹，即对角线元素之和。

图 4-2 给出了某数据集上的协方差矩阵的特征值图谱。由图可以看出，前三个特征值依次约为 4.5，2，1，和约为 8，而剩余特征值几乎都小于 0.5，因此前三个主成分涵盖了数据中的大部分信息。

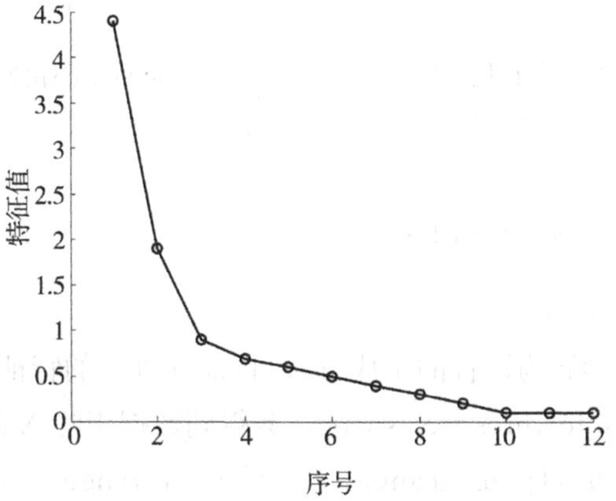

图 4-2　某数据集主成分分析的特征值图谱

选择较少的主成分表示数据，不仅可以实现特征的降维，还可以用来消除数据中的噪声[7]。在很多情况下，特征值值谱中排在后面的主成分往往反映了数据中的随机噪声。此时，如果将特征值很小的特征向量置为零，再对每个数据使用公式(4-8)，即可得到降噪后的数据。

主成分分析算法(算法 1)的步骤如下：

输入：N 个样本 $\boldsymbol{x}_1,\boldsymbol{x}_2,\cdots,\boldsymbol{x}_n$，降维后的维数 k。

1. 求协方差矩阵 $\boldsymbol{R}=\frac{1}{N}\sum_{i=1}^{N}(\boldsymbol{x}_i-\boldsymbol{\mu})(\boldsymbol{x}_i-\boldsymbol{\mu})^{\mathrm{T}}$，其中 $\boldsymbol{\mu}$ 是 N 个样本的均值向量；
2. 计算矩阵 $\boldsymbol{R}$ 的前 k 个最大特征值以及对应的单位特征向量 $\boldsymbol{w}_1,\boldsymbol{w}_2,\cdots,\boldsymbol{w}_k$；
3. 输出线性变换矩阵 $\boldsymbol{W}=(\boldsymbol{w}_1,\boldsymbol{w}_2,\cdots,\boldsymbol{w}_k)$。

需要注意的是，数据必须进行中心化处理，否则会得到错误的降维结果。读者可从图 4-3 的一个二维数据的示例中得到直观的结果。图 4-3(a)中由于没有对数据进行中心化的预处理，计算得到的主成分是错误的。

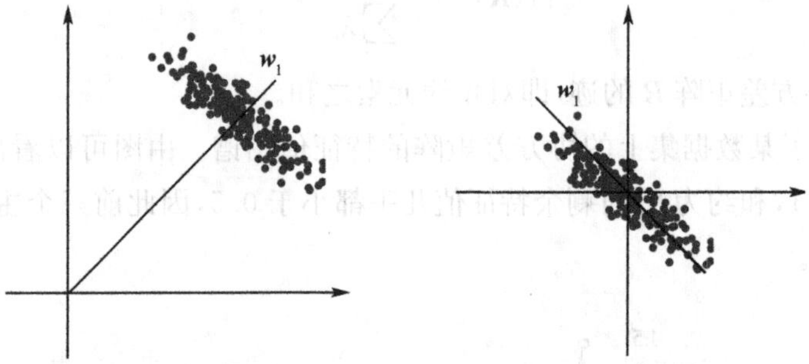

(a)未进行中心化处理　　(b)进行中心化处理后

图 4-3　数据中心化的必要性

主成分分析算法的示例代码如下：

```
import numpy as np
def pca(X,k): #k 为设置的主成分数目，即降维后的特征维度
    n_samples,n_features=X.shape  #得到数据矩阵 X 的行列维度
    mean=np.array([np.mean(X[:,i])for i in range(n_features)])  #每一列均值
    norm_X=X-mean
    scatter_matrix=np.dot(np.transpose(norm_X),norm_X)  #计算协方差矩阵
    eig_val,eig_vec=np.linalg.eig(scatter_matrix)  #计算矩阵的特征值和特征向量
    eig_pairs=[(np.abs(eig_val[i]),eig_vec[:,i]) for i in range(n_features)]
    eig_pairs.sort(reverse=True) #按照特征值的大小对其对应的特征向量进行排序
```

```
    feature=np.array([ele[1]for ele in eig_pairs[:k]])  #选择前 k 个特征向量
    data=np.dot(norm_X,np.transpose(feature))  #基于选择向量基得到降维后的数据
    return data
X=np.array([[-1,1],[-2,-1],[-3,-2],[1,1],[2,1],[3,2]])
print(pca(X,1))
```

本节所介绍的主成分分析需要通过计算协方差矩阵的特征值和特征向量来完成。当数据的维度较高时，计算量非常大，计算效率极低。为了缓解这个问题，在实际应用中，往往需要构建一些迭代算法来近似计算主成分。此外，由于得到的每个主成分都是原有特征维度的线性组合，在实际应用中往往缺乏可解释性，并且特征维度越多，可解释性越差，因此，高效的稀疏主成分分析算法才具有更好的实际价值[8]。

4.3.2 线性判别分析(LDA)

在有些问题中，除了自身特征，数据还具有明确的类别属性。我们希望变换降维后的数据仍然保留清晰的类别属性，此时主成分分析法就无能为力了。

接下来我们介绍的线性判别分析法具有如下优势：一方面，能将数据投影到低维空间；另一方面，还能够保证降维后的数据具有清晰的类别属性。LDA 算法设计的核心思想是：待求的投影子空间要保证同一类别的样本降维后尽量紧凑，而不同类别的样本降维后尽量分散。

具体而言，不妨设 $\boldsymbol{x}\in\mathbb{R}^d$ 是任一原始样本，经过投影后的数据 $\boldsymbol{v}\in\mathbb{R}^k(k<d)$ 满足

$$\boldsymbol{v}=\boldsymbol{W}^{\mathrm{T}}\boldsymbol{x} \tag{4-14}$$

其中 $\boldsymbol{W}\in\mathbb{R}^{d\times k}$ 是待求的线性变换矩阵。

不妨设样本 $\boldsymbol{x}$ 属于第 i 类，并且这一类所有样本的均值(类中心)是 $\boldsymbol{\mu}_i$，则降维后在 $\boldsymbol{w}$ 方向上，该样本到类中心距离的平方为

$$\boldsymbol{w}^{\mathrm{T}}(\boldsymbol{x}-\boldsymbol{\mu}_i)(\boldsymbol{x}-\boldsymbol{\mu}_i)^{\mathrm{T}}\boldsymbol{w} \tag{4-15}$$

如果我们用同一类所有样本到类中心的均方距离来描述类内的紧密程度，则可得投影后第 i 类数据的类内紧密度为

$$\boldsymbol{w}^{\mathrm{T}}\boldsymbol{R}_i\boldsymbol{w}:=\boldsymbol{w}^{\mathrm{T}}\left[\frac{1}{N}\sum_{\boldsymbol{x}\in\boldsymbol{D}_i}(\boldsymbol{x}-\boldsymbol{\mu}_i)(\boldsymbol{x}-\boldsymbol{\mu}_i)^{\mathrm{T}}\right]\boldsymbol{w} \tag{4-16}$$

其中，$\boldsymbol{D}_i$ 为第 i 类数据的集合，$\boldsymbol{R}_i=\frac{1}{N}\sum_{\boldsymbol{x}\in\boldsymbol{D}_i}(\boldsymbol{x}-\boldsymbol{\mu}_i)(\boldsymbol{x}-\boldsymbol{\mu}_i)^{\mathrm{T}}$ 为类内协方差矩阵。

接下来，我们需要考虑不同类数据之间距离的度量。如果使用类中心距离的平方来近似表示降维后两类数据之间的距离，则有如下类间离散度：

$$\boldsymbol{w}^{\mathrm{T}}(\boldsymbol{\mu}_i-\boldsymbol{\mu}_j)(\boldsymbol{\mu}_i-\boldsymbol{\mu}_j)^{\mathrm{T}}\boldsymbol{w},\quad \forall i\neq j \tag{4-17}$$

不妨设整个数据集一共有 C 类数据，我们可以定义整个数据集上的类内紧密度矩阵

$$\boldsymbol{S}_w = \sum_{i=1}^{C} \boldsymbol{R}_i \tag{4-18}$$

和类间离散度矩阵

$$\boldsymbol{S}_b = \sum_{i,j=1;i\neq j}^{C} (\boldsymbol{\mu}_i - \boldsymbol{\mu}_j)(\boldsymbol{\mu}_i - \boldsymbol{\mu}_j)^{\mathrm{T}} \tag{4-19}$$

我们希望降维后的数据类内要尽量紧凑，而类间要尽量疏远。因此可以构建如下的优化问题：

$$\max_{\boldsymbol{w}} \frac{\boldsymbol{w}^{\mathrm{T}}\boldsymbol{S}_b\boldsymbol{w}}{\boldsymbol{w}^{\mathrm{T}}\boldsymbol{S}_w\boldsymbol{w}} \tag{4-20}$$

注意到式(4-20)的分子、分母是关于 $\boldsymbol{w}$ 的二次型，若 $\boldsymbol{w}$ 是可行解，则对于任意常数 α，$\alpha\boldsymbol{w}$ 也是可行解。因此，解只与 $\boldsymbol{w}$ 的方向有关，而与长度无关。不妨设 $\boldsymbol{w}^{\mathrm{T}}\boldsymbol{S}_w\boldsymbol{w}=1$，利用 Lagrange 乘子法，优化目标(4-20)等价于求如下 Lagrange 函数的最大值：

$$L(\boldsymbol{w},\lambda)=\boldsymbol{w}^{\mathrm{T}}\boldsymbol{S}_b\boldsymbol{w}-\lambda(\boldsymbol{w}^{\mathrm{T}}\boldsymbol{S}_w\boldsymbol{w}-1) \tag{4-21}$$

令 Langrange 函数关于 $\boldsymbol{w}$ 的梯度为零，可得

$$\boldsymbol{S}_b\boldsymbol{w}=\lambda\boldsymbol{S}_w\boldsymbol{w} \tag{4-22}$$

如果矩阵可逆，则

$$\boldsymbol{S}_w^{-1}\boldsymbol{S}_b\boldsymbol{w}=\lambda\boldsymbol{w} \tag{4-23}$$

利用上式可推出

$$\max_{\boldsymbol{w}} \frac{\boldsymbol{w}^{\mathrm{T}}\boldsymbol{S}_b\boldsymbol{w}}{\boldsymbol{w}^{\mathrm{T}'}\boldsymbol{S}_w\boldsymbol{w}}=\max_{\boldsymbol{w}}\lambda \tag{4-24}$$

因此，我们应该取 $\boldsymbol{S}_w^{-1}\boldsymbol{S}_b$ 的前 k 个最大特征值所对应的特征向量 $\boldsymbol{w}_1,\boldsymbol{w}_1,\cdots,\boldsymbol{w}_k$，将其按列组合得到投影矩阵 $\boldsymbol{w}=(\boldsymbol{w}_1,\boldsymbol{w}_2,\cdots,\boldsymbol{w}_k)$。

对于线性判别分析法和主成分分析法所得投影的差异性，我们在图 4-4 中给出了一个二维数据降维后变成一维数据的示例，其中 $\boldsymbol{w}_1$ 是主成分分析的投影方向，$\boldsymbol{w}_2$ 是线性判别分析的投影方向，读者可以直观地感受两者的不同。

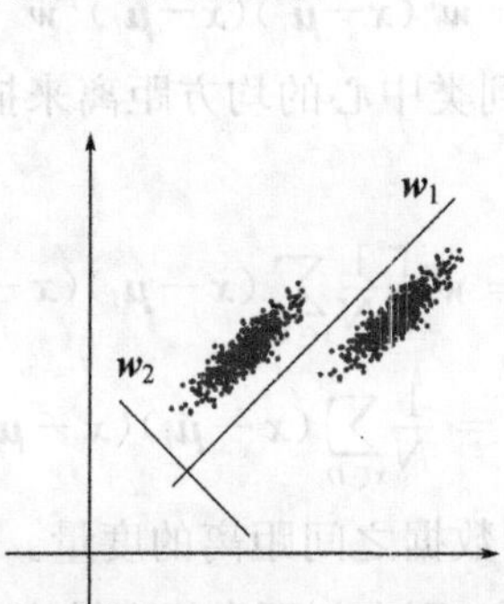

图 4-4　线性判别分析与主成分分析降维示例

线性判别分析算法(算法 2)的步骤如下：

输入：输入所有数据及其所属类别，降维后的特征维度 k。

1. 计算类内散度矩阵 $\boldsymbol{S}_w$；
2. 计算类间散度矩阵 $\boldsymbol{S}_b$；
3. 计算矩阵 $\boldsymbol{S}_w^{-1}\boldsymbol{S}_b$；
4. 计算矩阵 $\boldsymbol{S}_w^{-1}\boldsymbol{S}_b$ 最大的 k 个特征值对应的特征向量。

输出：上述特征向量按列组成的投影矩阵 $\boldsymbol{W}$。

线性判别分析算法的示例代码如下：

```
import numpy as np
from sklearn.discriminant_analysis import LinearDiscriminantAnalysis
from sklearn.datasets import load_iris
import matplotlib.pyplot as plt

def lda(data,target,n_dim):
    '''
    :param data:(n_samples,n_features)
    :param target:data class
    :param n_dim:target dimension
    :return:(n_samples,n_dims)
    '''

    clusters=np.unique(target)

    if n_dim>len(clusters)-1:
        print("K is too much")
        print("please input again")
        exit(0)

    #类内散度矩阵
    Sw=np.zeros((data.shape[1],data.shape[1]))
    for i in clusters:
        datai=data[target==i]
        datai=datai-datai.mean(0)
        Swi=np.mat(datai).T*np.mat(datai)
        Sw+=Swi

    #类间散度矩阵
    SB=np.zeros((data.shape[1],data.shape[1]))
    u=data.mean(0) #所有样本的平均值
```

```
32          for i in clusters:
33              Ni=data[target==i]. shape[0]
34              ui=data[target==i]. mean(0)  #某个类别的平均值
35              SBi=Ni * np. mat(ui−u). T * np. mat(ui−u)
36              SB+=SBi
37          S=np. linalg. inv(Sw) * SB
38          eigVals,eigVects=np. linalg. eig(S)  #求特征值、特征向量
39          eigValind=np. argsort(eigVals)
40          eigValind=eigValind[:(−n_dim−1):−1]
41          w=eigVects[:,eigValind]
42          data_ndim=np. dot(data,w)
43
44          return data_ndim
45
46      if __name__=='__main__':
47          iris=load_iris()
48          X=iris. data
49          Y=iris. target
50          data_1=lda(X,Y,2)
51          print(data_1)
52          data_2=LinearDiscriminantAnalysis(n_components=2). fit_transform(X,Y)
53
54
55          plt. figure(figsize=(8,4))
56          plt. subplot(121)
57          plt. title("LDA")
58          plt. scatter(data_1[:,0],data_1[:,1],c=Y)
59
60          plt. subplot(122)
61          plt. title("sklearn_LDA")
62          plt. scatter(data_2[:,0],data_2[:,1],c=Y)
63          plt. savefig("LDA. png",dpi=600)
64          plt. show()
```

4.3.3 数据的自编码

前面介绍的主成分分析和线性判别分析都属于线性降维方法。而对于复杂的非结构化高维数据,如果仅仅利用线性变换,当维度降得较低时,会导致信息损失很大,难以得到令人满意的降维结果。这时,必须借助于一些非线性降维方法,才能够很好地保留原始数据的主要特点。

下面将介绍自编码算法，它是一类基于神经网络的非线性变换方法，可用于数据的压缩降维。需要指出的是，基于神经网络的数据处理算法都基于一个重要的假设：数据是由许多不同的潜在特征经过一层一层的组合形成的。这一假设对于很多实际数据（如图像、文本等）都是较为合理的。

自编码模型的基本框架如图 4-5 所示。它包括两个主要部分：编码器网络和解码器网络。其中编码器 G 将原始数据 $\boldsymbol{x}$ 映射为低维特征 $\boldsymbol{z}$，而解码器 D 将低维特征 $\boldsymbol{z}$ 映射为和原始输入维度一致的重构数据$\tilde{\boldsymbol{x}}$，编码器和解码器里的网络参数相当于之前介绍的线性降维方法中的变换矩阵 $\boldsymbol{W}$。自编码器中整个编码和解码的过程可表示为

$$\tilde{\boldsymbol{x}}=D(\boldsymbol{z})=D(G(\boldsymbol{x})) \tag{4-25}$$

搭建一个自编码器需要确定编码器的网络结构、解码器的网络结构以及优化目标（损失函数）。

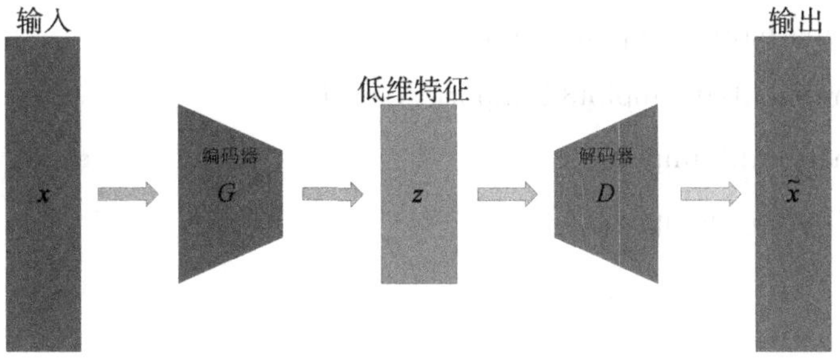

图 4-5 自编码模型的基本框架

对于网络结构，这里我们不过多叙述。因为对于不同的数据或不同的问题，网络结构的选择有很多。而对于优化目标，最常用也是最基本的一个是最小化重构后的数据与原始输入数据之间的均方损失，即

$$\min_{\theta}\frac{1}{N}\sum_{i=1}^{N}\|\boldsymbol{x}_i-D(G(\boldsymbol{x}_i))\|_2^2 \tag{4-26}$$

其中，N 是训练集中的样本总数，θ 是编码器和解码器的网络参数。上述优化问题可以利用神经网络的反向传播（back propagation，BP）算法迭代求解。

与线性降维方法不同，自编码器能够学习到数据中的非线性流形，而不只是线性低维超平面。不同的编码需求、不同的网络结构以及各种正则化方法可以产生很多特别的自编码器[9]。除了数据降维，自编码器还可以用于异常检测[10]、数据去噪[11]、图像修复[12]等。同时，自编码器还经常作为分类神经网络的一个重要组成部分，帮助神经网络学习到具有良好可分性的低维特征。

自编码器算法(算法 3)的步骤如下：

输入：数据集，优化目标 L，编码器和解码器的初始参数 $\theta^{(G,D)}$。

1. repeat

2.　　通过随机梯度下降法更新参数 $\theta^{(G,D)}$；

3.　　$\theta^{(G,D)} \leftarrow \theta^{(G,D)} - \mu \partial L / \partial \theta^{(G,D)}$；

4. until 收敛.

输出：数据集中每个数据 x 降维后的结果 $z = G(x)$。

这里我们给出自编码器在手写数字集 MNIST 上的示例代码：

```
 1  import torch
 2  import torch. nn as nn
 3  import torch. utils. data as Data
 4  import torchvision
 5  import matplotlib. pyplot as plt
 6  from mpl_toolkits. mplot3d import Axes3D
 7  from matplotlib import cm
 8  import numpy as np
 9
10
11  # torch. manual seed(1)
12
13  # 超参数
14  EPOCH=10
15  BATCH_SIZE=64
16  LR=0. 005        # 学习率
17  DOWNLOAD_MNIST=False
18  N_TEST_IMG=5
19
20  # Mnist digits dataset
21  train_data=torchvision. datasets. MNIST(
22    root='. /mnist/',
23    train=True,                              # 训练数据
24    transform=torchvision. transforms. ToTensor(),  # Converts a Image
```

```
    download=True,                    # 下载数据
)


print(train_data.train_data.size()) # (60000,28,28)
print(train_data.train_labels.size()) # (60000)


# 数据加载器，便于小批量返回训练中，批量图像数据形状为 (50,1,28,28)
train_loader=Data.DataLoader(dataset=train_data,batch_size=BATCH_SIZE,shuffle=True)

class AutoEncoder(nn.Module):
    def __init__(self):
        super(AutoEncoder,self).__init__()

        self.encoder=nn.Sequential(
            nn.linear(28*28,128),
            nn.Tanh(),
            nn.linear(128,64),
            nn.Tanh(),
            nn.linear(64,12),
            nn.Tanh(),
            nn.linear(12,3),# 降维到维 3
        )
        self.decoder=nn.Sequential(
            nn.linear(3,12),
            nn.Tanh(),
            nn.linear(12,64),
            nn.Tanh(),
            nn.linear(64,128),
            nn.Tanh(),
```

```
            nn.linear(128,28*28),
            nn.Sigmoid(),  # 输出范围为(0,1)
        )

    def forward(self,x):
        encoded=self.encoder(x)
        decoded=self.decoder(encoded)
        return encoded,decoded


autoencoder=AutoEncoder()

optimizer=torch.optim.Adam(autoencoder.parameters(),lr=LR)
loss_func=nn.MSELoss()

for epoch in range(EPOCH):
    for step,(x,b_label) in enumerate(train_loader):
        b_x=x.view(-1,28*28) # batch x,shape (batch,28*28)
        b_y=x.view(-1,28*28) # batch y,shape (batch,28*28)

        encoded,decoded=autoencoder(b_x)

        loss=loss_func(decoded,b_y)  # 均方误差
        optimizer.zero_grad()        # 清除此训练步骤的梯度
        loss.backward()              # 反向传播,计算梯度
        optimizer.step()

        if step % 100==0:
            print('Epoch:',epoch,'| train loss:%.4f'% loss.data.numpy())

view_data=train_data.train_data[:200].view(-1,28*28).type(torch.FloatTensor)/255.
encoded_data,_=autoencoder(view_data)
print(encoded_data.size())#输出降维后的部分数据
```

参考文献

[1] ALTMAN N,KRZYWINSKI M. The curse(s) of dimensionality[J]. Nature Methods, 2018,15(6):399-400.

[2] BENESTY J,CHEN J,HUANG Y,et al. Pearson correlation coefficient,noise reduction in speech processing[M]. Berlin Heidelberg: Springer,2009.

[3] KRASKOV A,SOGBAUER H,GRASSBERGER P. Estimating mutual information [J]. Physical Review E,2004,69(6):066138.

[4] ABDI H,WILLIAMS L J. Principal component analysis[J]. Wiley Interdisciplinary Reviews:Computational Statistics,2010,2(4):433-459.

[5] IZENMAN A J. Linear discriminant analysis,modern multivariate statistical techniques [M]. Berlin Heidelberg: Springer,2013.

[6] BERTSEKAS D. Constrained optimization and lagrange multiplier methods[M]. New York:Academic Press,2014.

[7] ZHANG L,DONG W,ZHANG D,et al. Two-stage image denoising by principal component analysis with local pixel grouping[J]. Pattern Recognition,2010,43(4):1531-1549.

[8] XU C,YANG M,ZHANG J. Fast deflation sparse principal component analysis via subspace projections[J]. Journal of Statistical Computation and Simulation,2020, 90(8):1399-1412.

[9] 邱锡鹏. 神经网络与深度学习[M]. 北京:机械工业出版社,2020.

[10] CHONG Y,TAY Y. Abnormal event detection in videos using spatiotemporal autoencoder[C]. In International Symposium on Neural Networks (ISNN),2017.

[11] VINCENT P,LAROCHELLE H,LAJOIE I,et al. Stacked denoising autoencoders:learning useful representations in a deep network with a local denoising criterion[J]. Journal of Machine Learning Research,2010,11(12):3371-3408.

[12] PATHAK D,KRAHENBUHL P,DONAHUE J,et al. Context encoders:feature learning by inpainting [C]. In Computer Vision and Pattern Recognition (CVPR),2016.

第5章 无监督学习

无监督学习(unsupervised learning)是根据数据自身的结构来获取一些有用的性质,不需要人工给出指导或标签信息。例如:商家希望从过往的数据中找到买家的共性,进而进行精准营销;自动驾驶仿真系统希望凭借大量的仿真实验获得对危险的感知。本章将以电影推荐、数据聚类、图像生成为例,介绍无监督学习算法。

5.1 推荐系统

当代人或多或少都有选择困难症。比如,今天午饭吃什么?一个很重要的原因便是,现在的选择实在太多了,如错综复杂的页面、琳琅满目的商品。也正因为如此,类似于网易云音乐的每日推荐、豆瓣上的电影和读书推荐(见图 5-1)在某些时刻会显得非常有用。

图 5-1 一部电影或一本书下面的类似推荐

表 5-1 展示了不同用户对不同电影的评价。由于电影的数量众多,而每个人只能观看其中一部分电影,那么如何根据表 5-1 推测用户的喜好呢?

表 5-1 不同用户对不同电影的评价(五分制)

用户	电影评分					
	让子弹飞	功夫	九品芝麻官	盗梦空间	三傻大闹宝莱坞	阿凡达
赵一	5	4	4	4	—	—

续表

用户	电影评分					
	让子弹飞	功夫	九品芝麻官	盗梦空间	三傻大闹宝莱坞	阿凡达
钱二	3	5	5	—	—	—
孙三	5	—	—	5	—	4
李四	—	—	5	5		4
王五	4	4	3	5	3	5

注:“—”表示该用户未打分。

首先,我们从用户的角度进行分析。钱二给《功夫》和《九品芝麻官》两部作品均打出了高分但未曾给外国电影打分,分析其可能是周星驰的粉丝或者偏爱国产电影。孙三给《让子弹飞》和《盗梦空间》两部作品均打出了高分,分析其可能偏爱烧脑的电影。赵一和王五两个人的打分颇为接近,由此我们推测赵一可能会推荐电影《阿凡达》。

其次,我们从作品的角度进行分析。由于观看《功夫》和《九品芝麻官》的人打分十分一致,由此我们可以向李四推荐电影《功夫》。同样地,观众给《让子弹飞》和《盗梦空间》的打分也十分一致。由于钱二对《让子弹飞》的打分较低,因此推测他对《盗梦空间》可能也不感兴趣,同时他很少观看(评价)外国电影,故不建议向他推荐这部电影。

虽然上面的推荐方法有一定的效果,但是过于主观。下面我们介绍一种基于矩阵分解的推荐算法。首先我们需要对用户和电影作品进行量化。一个比较直接的方法是将每个用户用表格的行向量的值表示,每部电影用表格对应的列向量的值表示,这样一个用户对应一个 M 维向量,一部电影作品对应一个 N 维向量,其中 M,N 分别是用户数量和电影作品数量。但是,在实际问题中,用户数量和电影作品数量往往是非常大的,而且每个用户打分的电影作品一般都很少,上述的量化方式一方面会导致维度灾难,另一方面会造成向量过于稀疏。为此,我们希望将用户和电影作品都表示为一个低维的 d 维向量,其中 $d \ll M,N$。即将每个用户表示为 $\boldsymbol{p}_u \in \mathbb{R}^d, u=1,2,\cdots,N$,每部电影作品表示为 $\boldsymbol{q}_i \in \mathbb{R}^d, i=1,2,\cdots,M$,上述向量可视为用户或电影作品的潜在属性的特征表示。一旦知道了用户和电影作品的特征表示,我们就可以用内积

$$\boldsymbol{p}_u^{\mathrm{T}}\boldsymbol{q}_i \tag{5-1}$$

来反映某个用户和某部电影作品之间的契合程度,其值越大说明该作品越适合此用户。

推荐算法首先根据已有信息,计算出每一个用户和每一部作品的特征表示;然后利用用户和电影作品的内积估算两者的契合度,进而根据契合度值的大小决定是否将某部作品推荐给用户。

接下来我们介绍两类用于用户和电影作品的低维特征表示的算法,其中一类是基于矩阵分解的算法,另一类则是通过构建优化目标进行迭代计算的算法。

5.1.1 奇异值分解模型

令 $\boldsymbol{R}=\{r_{ui}\}\in\mathbb{R}^{N\times M}$ 为表 5-1 的矩阵形式，其中 r_{ui} 为第 u 个用户对第 i 部电影作品的评分。若某用户未对某作品评分，则相应的分值可设为默认常数，如 0 或 -1。

求每一个用户和每一部电影作品的特征表示可视为求解如下矩阵分解问题：

$$\boldsymbol{R}=\boldsymbol{P}\boldsymbol{Q}^{\mathrm{T}},\quad \boldsymbol{P}\in\mathbb{R}^{N\times d},\quad \boldsymbol{Q}\in\mathbb{R}^{M\times d} \tag{5-2}$$

其中 $\boldsymbol{P},\boldsymbol{Q}$ 的每一行分别代表某一个用户或某一部作品的特征表示。

上述问题可借助经典的奇异值分解(SVD)方法近似求解：

$$\boldsymbol{R}\approx\boldsymbol{U}\boldsymbol{D}\boldsymbol{V}^{\mathrm{T}},\quad \boldsymbol{U}\in\mathbb{R}^{N\times d},\quad \boldsymbol{D}\in\mathbb{R}^{d\times d},\quad \boldsymbol{V}\in\mathbb{R}^{M\times d} \tag{5-3}$$

其中，$\boldsymbol{U},\boldsymbol{V}$ 为正交矩阵，$\boldsymbol{D}$ 是由 $\boldsymbol{R}$ 的前 d 个奇异值构成的对角阵。令

$$\boldsymbol{P}=\boldsymbol{U}\boldsymbol{D}^{\frac{1}{2}},\quad \boldsymbol{Q}=\boldsymbol{V}\boldsymbol{D}^{\frac{1}{2}} \tag{5-4}$$

奇异值分解的优点是易于实现；缺点是当未打分数据过多时，算法的误差非常大。因此，该方法只适用于仅有少量评分缺失的情况。

5.1.2 优化迭代模型

引入如下优化目标：

$$\min_{\boldsymbol{p},\boldsymbol{q}}\sum_{(u,i)\in\kappa}(r_{ui}-\boldsymbol{p}_u^{\mathrm{T}}\boldsymbol{q}_i)^2+\lambda(\|\boldsymbol{p}_u\|_2^2+\|\boldsymbol{q}_i\|_2^2) \tag{5-5}$$

这里 κ 表示打分情况已知的部分编号。

上述优化目标的第一部分可以保证 $\boldsymbol{p}_u^{\mathrm{T}}\boldsymbol{q}_i$ 契合真实的评分 r_{ui}；第二部分对用户特征和作品特征的表示进行约束，要求用户的特征向量和作品的特征向量尺度相同，从而保证优化目标解的唯一性。

对于上述优化目标，可有如下两类迭代解法：

5.1.2.1 梯度下降法

令 $e_{ui}=r_{ui}-\boldsymbol{p}_u^{\mathrm{T}}\boldsymbol{q}_i$，$\ell_{ui}=(r_{ui}-\boldsymbol{p}_u^{\mathrm{T}}\boldsymbol{q}_i)^2+\lambda(\|\boldsymbol{p}_u\|_2^2+\|\boldsymbol{q}_i\|_2^2)$，注意到

$$\begin{cases}\nabla_{\boldsymbol{p}_u}\ell_{ui}=2(\lambda\boldsymbol{p}_u-e_{ui}\boldsymbol{q}_i)\\ \nabla_{\boldsymbol{q}_i}\ell_{ui}=2(\lambda\boldsymbol{q}_i-e_{ui}\boldsymbol{p}_u)\end{cases} \tag{5-6}$$

于是梯度下降迭代公式为

$$\begin{cases}\boldsymbol{p}_u\leftarrow\boldsymbol{p}_u+\alpha\cdot(e_{ui}\boldsymbol{q}_i-\lambda\boldsymbol{p}_u)\\ \boldsymbol{q}_i\leftarrow\boldsymbol{q}_i+\alpha\cdot(e_{ui}\boldsymbol{p}_u-\lambda\boldsymbol{q}_i)\end{cases} \tag{5-7}$$

其中，α 为步长(学习率)。

5.1.2.2 交替迭代法

上述优化目标中因为含有待求参数 $\boldsymbol{p}$ 和 $\boldsymbol{q}$ 的内积，因此并不是凸优化。但是如果将其中一组参数视为常数，则优化目标关于另一组参数是凸函数。此时，我们可以采用分组交替迭代求解的策略。

(1)固定 $\boldsymbol{q}$，求解 $\boldsymbol{p}$：令

$$\ell_u:=\sum_{i:(u,i)\in\kappa}(r_{ui}-\boldsymbol{p}_u^{\mathrm{T}}\boldsymbol{q}_i)^2+\lambda(\|\boldsymbol{p}_u\|_2^2+\|\boldsymbol{q}_i\|_2^2)$$

则

$$\nabla_{\boldsymbol{p}_u}\ell_u = 2\sum_{i:(u,i)\in\kappa}[(\lambda+\boldsymbol{q}_i\boldsymbol{q}_i^{\mathrm{T}})\boldsymbol{p}_u - r_{ui}\boldsymbol{q}_i] = 0$$

$$\Rightarrow \boldsymbol{p}_u = [\sum_{i:(u,i)\in\kappa}(\lambda+\boldsymbol{q}_i\boldsymbol{q}_i^{\mathrm{T}})]^{-1}\sum_{i:(u,i)\in\kappa} r_{ui}\boldsymbol{q}_i \tag{5-8}$$

(2)固定 $\boldsymbol{p}$,求解 $\boldsymbol{q}$:令

$$\ell_i := \sum_{u:(u,i)\in\kappa}(r_{ui} - \boldsymbol{p}_u^{\mathrm{T}}\boldsymbol{q}_i)^2 + \lambda(\|\boldsymbol{p}_u\|_2^2 + \|\boldsymbol{q}_i\|_2^2) \tag{5-9}$$

则

$$\nabla_{\boldsymbol{q}_i}\ell_i = 2\sum_{u:(u,i)\in\kappa}[(\lambda+\boldsymbol{p}_u\boldsymbol{p}_u^{\mathrm{T}})\boldsymbol{q}_i - r_{ui}\boldsymbol{p}_u] = 0$$

$$\Rightarrow \boldsymbol{q}_i = [\sum_{u:(u,i)\in\kappa}(\lambda+\boldsymbol{p}_u\boldsymbol{p}_u^{\mathrm{T}})]^{-1}\sum_{u:(u,i)\in\kappa} r_{ui}\boldsymbol{p}_u \tag{5-10}$$

上述两个步骤交替进行直至算法收敛。

梯度下降法(算法 1)的步骤如下:

输入:评分矩阵 $\boldsymbol{R}\in\mathbb{R}^{N\times M}$,权重 λ,学习率 α,最大迭代次数 τ。

1. 随机初始化 $\boldsymbol{P}\in\mathbb{R}^{N\times d}$,$\boldsymbol{Q}\in\mathbb{R}^{M\times d}$;
2. 令 κ 表示 r_{ui} 存在的指示集合;
3. for $t=1,2,\cdots,\tau$ do
4. 　for $(u,i)\in\kappa$ do
5. 　　令 $e_{ui}=r_{ui}-\boldsymbol{p}_u^{\mathrm{T}}\boldsymbol{q}_i$,更新:

$$\boldsymbol{p}_u \leftarrow \boldsymbol{p}_u + \alpha\cdot(e_{ui}\boldsymbol{q}_i - \lambda\boldsymbol{p}_u)$$

$$\boldsymbol{q}_i \leftarrow \boldsymbol{q}_i + \alpha\cdot(e_{ui}\boldsymbol{p}_u - \lambda\boldsymbol{q}_i)$$

输出:$\boldsymbol{P}$,$\boldsymbol{Q}$,以及预测矩阵 $\boldsymbol{PQ}^{\mathrm{T}}$。

交替迭代法(算法 2)的步骤如下:

输入:评分矩阵 $\boldsymbol{R}\in\mathbb{R}^{N\times M}$,权重 λ,最大迭代次数 τ。

1. 随机初始化 $\boldsymbol{P}\in\mathbb{R}^{N\times d}$,$\boldsymbol{Q}\in\mathbb{R}^{M\times d}$;
2. 令 κ 表示 r_{ui} 存在的指示集合;
3. for $t=1,2,\cdots,\tau$ do
4. 　　for $u=1,2,\cdots,N$ do

$$\boldsymbol{p}_u = [\sum_{i:(u,i)\in\kappa}(\lambda+\boldsymbol{q}_i\boldsymbol{q}_i^{\mathrm{T}})]^{-1}\sum_{i:(u,i)\in\kappa} r_{ui}\boldsymbol{q}_i$$

5. 　　for $i=1,2,\cdots,M$ do

$$\boldsymbol{q}_i = [\sum_{u:(u,i)\in\kappa}(\lambda+\boldsymbol{p}_u\boldsymbol{p}_u^{\mathrm{T}})]^{-1}\sum_{u:(u,i)\in\kappa} r_{ui}\boldsymbol{p}_u$$

输出:$\boldsymbol{P}$,$\boldsymbol{Q}$,以及预测矩阵 $\boldsymbol{PQ}^{\mathrm{T}}$。

5.1.3 示例

下面我们用上述两种方法对表 5-1 中的未打分区域进行预测。对于梯度下降法，我们设定$\alpha=0.1$，$\lambda=0.1$；对于交替迭代法，我们设定$\lambda=1$。二者均进行了 10 次迭代。梯度下降法和交替迭代法的预测结果分别如表 5-2 和表 5-3 所示。另外，通过图 5-2 可以发现，交替迭代法比梯度下降法的收敛速度更快，并且交替迭代法对已知得分的还原度更好。但是，在这个例子中，交替迭代法出现了－2 这种离谱打分，说明其获得的特征表示不准确，存在严重过拟合现象。相比之下，梯度下降法的预测结果显得更为合理。造成上述现象的一个原因在于示例中的数据量过少，如果增加样本数量的话，这种现象可以明显缓解。

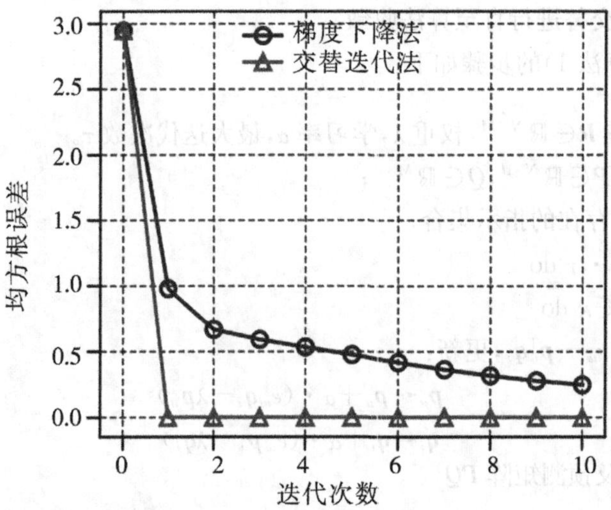

图 5-2 算法收敛速度

表 5-2 利用梯度下降法对未打分区域的预测结果

用户	电影评分					
	让子弹飞	功夫	九品芝麻官	盗梦空间	三傻大闹宝莱坞	阿凡达
赵一	5	4	4	4	4	4
钱二	3	5	5	4	4	3
孙三	5	4	4	5	4	4
李四	5	4	5	5	5	4
王五	4	4	3	5	3	5

表 5-3 利用交替迭代法对未打分区域的预测结果

用户	电影评分					
	让子弹飞	功夫	九品芝麻官	盗梦空间	三傻大闹宝莱坞	阿凡达
赵一	5	4	4	4	−2	2
钱二	3	5	5	5	3	5
孙三	5	3	1	5	2	4
李四	6	4	5	5	5	4
王五	4	4	3	5	3	5

推荐系统的简单示例代码如下：

```
#这是有关推荐系统的一个简单示例

from typing import Tuple
import numpy as np




#梯度下降法
def gradient_decent(
    R:np.ndarray,d:int,lr:float,beta:float,max_iters:int=10
    )->Tuple[np.ndarray]:
    """
    Args:
          R:打分矩阵,小于的元素表示为缺失 0;
          d:p 和 q 的维度
          lr:learning rate,学习率,文中的 alpha;
          beta:惩罚项的权重,文中的 lambda
          max_iters:最大迭代次数,默认为 10
    Return:
          P,Q,以及预测矩阵
    " ""
    N,M=R.shape
    u,i=np.where(R>0) #打分的坐标 R
```

```
    kappa=list(zip(u,i)) #表示成(u,i)的形式
    P=np.random.rand(N,d) #初始化 P
    Q=np.random.rand(M,d) #初始化 Q
    for _ in range(max_iters):
            for (u,i) in kappa:
                pu=P[u] # 取 p_u
                qi=Q[i] # 取 q_i
                eui=R[u,i] - pu @ qi # 计算误差 e_ui
                #更新
                P[u]=pu+lr * (eui * qi - beta * pu)
                Q[i]=qi+lr * (eui * pu -beta * qi)
    return P,Q,P @ Q.T

#交替迭代法
def als(
    R:np.ndarray,d:int,beta:float,max_iters:10
    )-> Tuple[np.ndarray]:
    """
    Args:
            R:打分矩阵,小于的元素表示为缺失 0;
            d:p 和 q 的维度
            beta:惩罚项的权重,文中的 lambda
            max_iters:最大迭代次数,默认为 10
    Return:
            P,Q,以及预测矩阵
    """
    N,M=R.shape
    u,i=np.where(R>0)   #打分的坐标 R
    P=np.random.rand(N,d)   #初始化 P
    Q=np.random.rand(M,d)   #初始化 Q
    for _ in range(max_iters):
            #注意下面是以行向量的形式计算的
            #而书本上的是以列向量的形式计算的
            #故存在些许差别
            for u in range(N):
                idx=R[u]>0 # 获取 i:(u,i)\in\kappa 的点
                if len(idx)==0:#该用户从未打过分,跳过
```

```
                continue
            q=Q[idx]
            r=R[u,idx][...,None] #[...,None]为扩充最后的维度
            tmp=np.sum(idx) * beta+q.T @ q
            part1=np.linalg.pinv(tmp) #为了数值稳定计算伪逆
            part2=(r * q).sum(axis=0)
            P[u]=part2 @ part1 # 更新 p_u

        for i in range(M):
            idx=R[:,i] >0 #获取 u:(u,i)\in\kappa 的点
            if len(idx)==0:#该作品从未被打过分,跳过
                continue
            p=P[idx]
            r=R[idx,i][...,None]
            tmp=np.sum(idx) * beta+p.T @ p
            part1=np.linalg.pinv(tmp) #为了数值稳定计算伪逆
            part2=(r * p).sum(axis=0)
            Q[i]=part2 @ part1 # 更新 q_i
    return P,Q,P @ Q.T

def main():
    #构建 R
    R=np.array([
        [5,4,4,4,-1,-1],
        [3,5,5,-1,-1,-1],
        [5,-1,-1,5,-1,4],
        [-1,-1,5,-1,5,4],
        [4,4,3,5,3,5]
    ],dtype=np.float)

    np.random.seed(0) # 设定种子
    P_gd,Q_gd,R_gd=gradient_decent(R,5,0.1,0.1,max_iters=10)
    np.random.seed(0) # 设定种子
    P_als,Q_als,R_als=als(R,5,1,10)

    R_gd=np.round(R_gd) #因为打分是整数制,故四舍五入
    R_als=np.round(R_als)
```

```

    print(f"梯度下降法预测结果:\n{R_gd}")
    print(f"交替迭代法预测结果:\n{R_als}")

if __name__ == "__main__":
    main()
```

5.1.4 讨论

本节所介绍的推荐系统还存在一些问题，如增加偏置、增加先验信息等新方法已相继被提出[1]。此外，上述算法只对现存的用户和作品有效。如果新注册了一个用户或者新上线了一部作品，每次都需要重新计算吗？当有新的用户给作品打分时，如何快速更新？一些冷门作品或者佛系用户，如何保证估计的可靠性？如何防止评分向热门作品倾靠？对于这些问题，有兴趣的读者可以查阅相关文献。

5.2 K 均值聚类

聚类是将一组数据按特定标准分为多个类别，每个类别中的数据应该具有某种相似属性的算法。K 均值(K-means)聚类法是一种对所有样本进行分组的简单有效的无监督学习算法[2]。

对于给定的 N 个样本 $\boldsymbol{x}_1, \boldsymbol{x}_2, \cdots, \boldsymbol{x}_N$，K 均值优化目标如下：

$$\min_{\{C_k, \boldsymbol{m}_k\}} \sum_{k=1}^{K} \sum_{i \in C_k} \| \boldsymbol{x}_i - \boldsymbol{m}_k \| \tag{5-11}$$

这里 K 表示给定的类数，C_k 表示第 k 组样本编号的集合，$\boldsymbol{m}_k$ 表示第 k 个聚类的中心，$\| \cdot \|$ 表示一般的距离。不同的聚类任务往往需要选择不同的距离函数。

注意到优化目标即式(5-11)中待求的两组参数聚类中心$\{\boldsymbol{m}_k\}$和每组数据的编号$\{C_k\}$彼此限制，因此可以利用交替迭代法进行求解：

(1)先固定 K 个聚类中心，然后计算每个样本到聚类中心的距离，按就近原则将数据分组。

(2)根据新的分组，重新计算聚类中心。

上述两个步骤交替进行直至聚类中心收敛。

K 均值聚类算法(算法 3)的步骤如下：

输入：N 个样本点 $\boldsymbol{x}_1,\boldsymbol{x}_2,\cdots,\boldsymbol{x}_N$。

1. 初始化 K 个中心点 $\boldsymbol{m}_1,\boldsymbol{m}_2,\cdots,\boldsymbol{m}_K$，确定距离函数；
2. 计算每个点 $\boldsymbol{x}_i$ 到每个中心点 $\boldsymbol{m}_k$ 的距离 d_{ik}，记为 $D\in\mathbb{R}^{N\times K}$；
3. 统计属于类 k 的样本点：

$$C_k=\{i:\underset{j}{\operatorname{argmin}}\, d_{ij}=k\},k=1,2,\cdots,K;$$

4. 更新聚类中心 $\boldsymbol{m}'_k$：

$$\boldsymbol{m}'_k=\frac{1}{|C_k|}\sum_{i\in C_k}\boldsymbol{x}_i,k=1,2,\cdots,K;$$

5. 倘若满足停机条件，如 $\boldsymbol{m},\boldsymbol{m}'$ 的距离小于一个阈值 ε 或者达到最大迭代次数便退出，否则回到步骤 2。

输出：类别中心 $\boldsymbol{m}_1,\boldsymbol{m}_2,\cdots,\boldsymbol{m}_K$ 以及各样本所属类别 C_k。

K 均值聚类算法的示例代码如下：

```

from typing import Callable, Tuple
import numpy as np


def kmeans(
    X: np.ndarray, K: int,
    dis_fn: Callable, init_fn: Callable,
    eps: float=1e-4, max_iters: int=100,
    **kwargs
)-> Tuple[np.ndarray]:
    """
    Args:
        X: N x d, 样本；
        K: 聚类中心个数；
        dis_fn: 距离函数；
        init_fn: 初始化函数；
    Kwargs:
        eps: 阈值
        max_iters: 最大迭代次数
        kwargs: 用于初始化类别中心的参数
    Return: 聚类中心；样本点对应的类别
```

```
    """

    centers=init_fn(X,K,dis_fn=dis_fn, * * kwargs)
    eps=np. mean(np. linalg. norm(X,axis=-1)) * eps # 用相对 eps
    for _ in range(max_iters):
        D=dis_fn(X,centers)
        C=np. argmin(D,axis=-1) #计算每个样本对应的类
        new_centers=np. zeros_like(centers)
        for k in range (K):#更新类别中心
            new_centers[k]=np. mean(X[C==k],axis=0)
        #判断是否满足停机条件
        if np. all(np. linalg. norm(centers-new_centers,axis=-1)<eps):
            break
        centers=new_centers # 更新聚类中心
    C=np. argmin(dis_fn(X,centers),axis=-1)
    return centers,C
```

接下来我们做一个简单的实验：现有(1,2),(1,4),(1,0),(10,2),(10,4),(10,0)共 6 个样本点，前 3 个样本点为一类，后 3 个样本点为一类。我们用普通的欧几里得距离作为距离函数，随机采样作为初始化函数。进行 10 次实验后，观察是否每次都能正确分类。除非读者足够幸运，否则下面的 10 次实验中，应该能观察到误判的情况。这往往是因为初始化的时候选择了两个属于同一类的样本点作为类别中心。这个实验也告诉我们，K 均值聚类算法对于初始点是极为敏感的。

关于聚类中心初始化的测试代码如下：

```

#样本:前 3 个为一类,后 3 个为一类
X=np. array([[1,2],[1,4],[1,0],
[10,2],[10,4],[10,0]])

#距离函数
def dist(x, y):
    x=x[:, None,:]
    return np. linalg. norm(x-y, axis=-1)

# 随机选择
def init(X, K, * * kwargs):
```

```
13        X＝np. copy(X)
14        np. random. shuffle(X)
15        return X[:K]
16
17    for i in range(10):
18        centers, C = kmeans(X, 2, dist, init)
19        print(C)
```

5.2.1　K-means＋＋

K-means＋＋是一种有效地选择初始聚类中心的方法,其直观出发点是距离现有中心越远的样本越应该被选为新的中心[3]。

K-means＋＋算法(算法 4)的步骤如下:

输入:N 个样本点 $x_1,x_2,\cdots,x_N$,聚类中心数 K。

1. 从 $x_1,x_2,\cdots,x_N$ 中随机选择一个样本作为第一个类别中心 m_1;
2. 设 M 为当前类别中心的集合,对每个 $x_i\notin M$,计算其与现有的类别中心的距离,并设其中的最短距离为 d_i;
3. 依概率

$$p_i = \frac{d_i}{\sum_{x_j\notin M} d_j}, \quad x_i\notin M$$

采样下一个类别中心;

4. 重复步骤 2,3 直到满足 K 个类别中心。

输出:初始化聚类中心 $m_1,m_2,\cdots,m_K$。

K-means＋＋算法的示例代码如下:

```
1
2    #K-means++
3    def init_plusplus(X: np. ndarray, K: int, dis_fn: Callable)-> np. ndarray:
4        """
5        Args:
6            X: 样本
7            K: 聚类中心个数
8            dis_fn: 距离函数
9        Return: 聚类中心
```

```
    """
    X=np.copy(X)  # 防止对 X 发生改动
    N, d = X.shape
    # 随机选取第一个聚类中心
    idx = np.random.randint(0, N)
    M = X[[idx]]
    X = np.delete(X, idx, axis=0)  #从中删除被选中的样本点 X
    for _ in range(K-1):
        N = len(X)
        D = np.min(dis_fn(X, M), axis=-1)  # 计算最小距离
        D = D / np.sum(D)  # 计算概率
        idx = np.random.choice(N, size=1, p=D) # 采样
        M = np.append(M, X[idx], axis=0)  # 添加新的聚类中心
        X = np.delete(X, idx, axis=0)  # 剔除被选中的样本点
    return M
```

读者可以尝试用 K-means++的初始化方法替换之前的纯随机选择，不出意外的话，结果会稳定很多。

5.2.2 K 均值聚类示例

这里我们以一个有趣的例子进行实际的操作。通常，一个 RGB 图中 $\boldsymbol{X}\in \mathbb{R}^{H\times W\times 3}$。倘若我们将每个像素点 $\boldsymbol{x}_{i,j}\in \mathbb{R}^3$ 看成一个样本点，那么就可以很自然地对图片进行聚类分析了。倘若我们对聚类后的图片重新上色，将同组的像素点设置为统一的颜色，则可以很直观地观测到聚类效果。下面我们对鼎鼎大名的莱娜(Lenna)图进行聚类分析(见图 5-3)，其中包括 $K=2,5,10$ 三种不同的情况。由图 5-3 可以发现，即便是最简单的 $K=2$ 的情况下依然能够很好地分辨出 Lenna 的容貌。整幅图仅仅用了 6 个不同的像素值，或许这也是一种很好的压缩数据的方法。

(a) 原图　(b) $K=2$　(c) $K=5$　(d) $K=10$

图 5-3　K 均值聚类在不同 K 值下的效果

读者可以尝试利用下面的代码对自己感兴趣的图片进行处理。

```

# 这是处理图像的一个简单示例
# 请将之前定义的 kmeans, dist, initj_plusplus
# 一同置入，或手动导入

import numpy as np
import matplotlib.pyplot as plt

# 获取平均图像
def align_colors(img: np.ndarray, mask: np.ndarray)-> np.ndarray:
    """
    Args:
        img: H * W * C
        mask: H * W
    Return: img
    """
    means=np.unique(mask)   # 获得类别
    for m in means:
        x, y=np.where(mask==m) # 匹配对应的像素点
        mcolor=img[x, y].mean(axis=0)  # 取平均值
        img[x, y]=mcolor
    return img

# 处理图像
def kmeans_img(img: np.ndarray, K: int)-> np.ndarray:
    """
    Args:
        img: H * W * C;
        K: 聚类中心数
    """
    new_img=np.copy(img).astype(np.float) # 有些图片可能是格式 uint8，调
                                           整为格式 float
```

```
    H,W,C=new_img.shape
    X=np.reshape(new_img,(-1,C)) #展开为(HW)*C形式
    _,mask=kmeans(X,K,dist,init_plusplus) # 获取对应的mask
    mask=np.reshape(mask,(H,W))
    new_img=align_colors(new_img,mask)
    return new_img.astype(img.dtype) # 将格式调整回去

def main(path):
    img=plt.imread(path)
    fig,axes=plt.subplots(1,4,figsize=(12,3))
    axes[0].imshow(img)  # 画图
    axes[0].axis('off')  # 去除坐标轴
    Ks=[2,5,10]
    for i,K in enumerate(Ks):
        new_img=kmeans_img(img,K=K)
        ax=axes[i+1]
        ax.imshow(new_img)
        ax.axis('off')
    plt.show() #显示图片


if __name__=="__main__":
    main("Lenna.png") #请输入要处理的图片的位置
```

一个值得思考的问题是：图片的像素点之间存在很强的相关性，如果我们除了考虑通道颜色外，还考虑坐标(i,j)作为$\boldsymbol{x}$的一部分，即

$$\boldsymbol{x}_{i,j}=[r,g,b,i,j]^{\mathrm{T}}\in\mathbb{R}^5 \tag{5-12}$$

会出现什么情况呢？

实际上，类似的问题和一个名为“简单线性迭代聚类”(SLIC)的算法[4]息息相关。该算法是基于K均值聚类算法的内核来构造超像素(SuperPixels)。鉴于篇幅原因，本书不再深入介绍此算法，但希望读者思考如下问题：怎样的初始化选择才能造就更好的超像素呢？通道颜色(r,g,b)和位置坐标(i,j)采用相同的距离函数(如欧几里得距离)吗？如果不合适，应该如何设计距离函数？

5.2.3　讨论

关于 K 均值聚类算法还有很多有意思的课题，如 K 值的选择，收敛性分析，与后面要介绍的期望最大化(expectation maximization，EM)算法的联系，如何作用于高斯混合模型等。

5.3　谱聚类

K 均值聚类对于簇状数据的聚类效果较好，但是当面对具有特殊结构的数据(见图 5-4)时就显得有些力不从心了。本节介绍一种能够有效处理这一类比较棘手的聚类问题的方法——谱聚类(spectral clustering)。谱聚类得名于其求解需要用到矩阵的谱，但是究其本质，是在图结构的基础上利用相似度进行划分的一种算法。在深入学习谱聚类算法之前，我们先介绍一些关于图的知识。

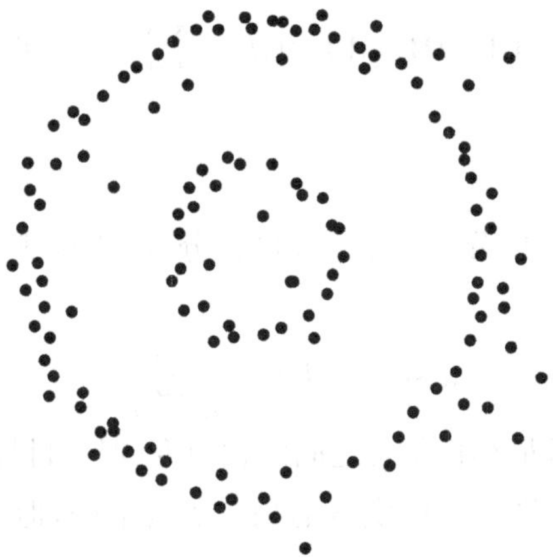

图 5-4　一类比较棘手的聚类问题

5.3.1　无向图

无向图 $G(V,E)$ 由点 $\boldsymbol{v}_1,\boldsymbol{v}_2,\cdots,\boldsymbol{v}_N$ 和连接点的边 e_{ij} 组成。我们可以为每条边 e_{ij} 赋予权重 $w_{ij}\geqslant 0$，且可以认为当 $\boldsymbol{v}_i,\boldsymbol{v}_j$ 之间不存在 e_{ij} 连接的时候 $w_{ij}=0$。在谱聚类中，w_{ij} 用于衡量 $\boldsymbol{v}_i,\boldsymbol{v}_j$ 之间的相似性，通常与距离负相关，一种常见的定义方式如下：

$$w_{ij}=\begin{cases}\mathrm{e}^{-\frac{\|\boldsymbol{v}_i-\boldsymbol{v}_j\|_2^2}{\sigma^2}}, & \|\boldsymbol{v}_i-\boldsymbol{v}_j\|_2\leqslant r,\\ 0, & \text{其他}\end{cases}\tag{5-13}$$

其中，r 是一个给定的阈值，而 σ 是人为控制的超参数。

由 $w_{ij}(i,j=1,2,\cdots,N)$ 所组成的矩阵 $\boldsymbol{W}\in\mathbb{R}^{N\times N}$ 通常被称为“图的邻接矩阵”。显然，通过式(5-13)定义的邻接矩阵是对称的。令

$$d_i=\sum_j w_{ij},\ i=1,2,\cdots,N \tag{5-14}$$

表示 $\boldsymbol{v}_i$ 与其他点的权重之和，其构成的对角矩阵记为 $\boldsymbol{D}\in\mathbb{R}^{N\times N}$。定义如下拉普拉斯矩阵：

$$\boldsymbol{L}=\boldsymbol{D}-\boldsymbol{W} \tag{5-15}$$

则矩阵具有如下性质：

(1)矩阵与向量的乘积满足关系式：

$$\begin{aligned}\boldsymbol{y}^{\mathrm{T}}\boldsymbol{L}\boldsymbol{y}&=\sum_i y_i^2 d_i-\sum_{i,j}y_iy_jw_{ij}\\&=\sum_{i,j}(y_i^2w_{ij}-y_iy_jw_{ij})\\&=\frac{1}{2}\sum_{i,j}(y_i-y_j)^2w_{ij}\end{aligned} \tag{5-16}$$

(2)$\boldsymbol{L}$ 是对称半正定矩阵，即其特征值非负。

(3)$\boldsymbol{1}$ 为 $\boldsymbol{L}$ 的特征向量，相应特征值为 0。

$$\boldsymbol{L1}=\boldsymbol{D1}-\boldsymbol{W1}=[d_i-\sum_{i,j}w_{ij}]=\boldsymbol{0} \tag{5-17}$$

5.3.2 二分割

二分割的目标是将点集 V 分成两个独立的部分 A,B，即满足 $A\cup B=V, A\cap B=\varnothing$。为此定义如下集合相似度：

$$\mathrm{assoc}(A,B)=\sum_{i\in A,j\in B}w_{ij} \tag{5-18}$$

一个显然的优化目标是最小化集合之间的相似度，但该目标对孤立点特别敏感，常常会出现如图 5-5 所示的情形。图 5-5 中实线的划分更为准确，但简单的基于相似度的分割会导致出现虚线的划分。

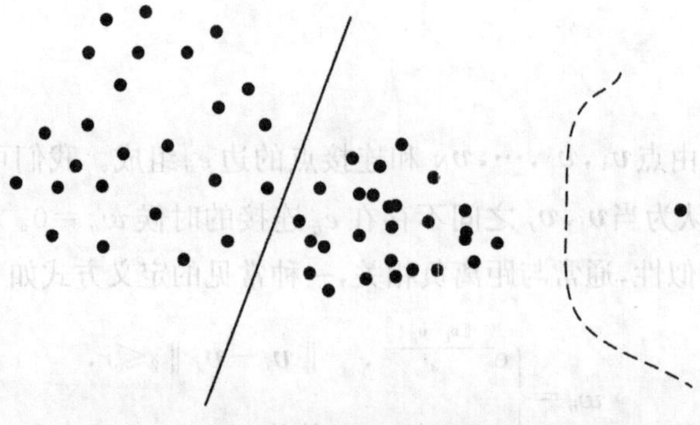

图 5-5 实线与虚线的划分

谱聚类算法在最小化 $\mathrm{assoc}(A,B)$ 的同时，还要求 $|A|$，$|B|$ 尽可能的大。为此，可引入以下两个优化目标：

$$\mathrm{Rcut}(A,B)=\frac{\mathrm{assoc}(A,B)}{|A|}+\frac{\mathrm{assoc}(A,B)}{|B|} \tag{5-19}$$

以及

$$\mathrm{Ncut}(A,B)=\frac{\mathrm{assoc}(A,B)}{\mathrm{assoc}(A,V)}+\frac{\mathrm{assoc}(A,B)}{\mathrm{assoc}(B,V)} \tag{5-20}$$

前者为 Rcut 算法，而后者为 Ncut 算法。对于后者，我们可以改写为

$$\mathrm{Ncut}(A,B)=\frac{\mathrm{assoc}(A,B)}{\mathrm{assoc}(A,A)+\mathrm{assoc}(A,B)}+\frac{\mathrm{assoc}(A,B)}{\mathrm{assoc}(B,B)+\mathrm{assoc}(A,B)} \tag{5-21}$$

故该准则要求最大化 $\mathrm{assoc}(A,A)$，$\mathrm{assoc}(B,B)$，即提高集合内的相关度。

Rcut 和 Ncut 算法的优化目标可统一为

$$\mathrm{cut}(A,B)=\frac{\mathrm{assoc}(A,B)}{\|A\|}+\frac{\mathrm{assoc}(A,B)}{\|B\|} \tag{5-22}$$

其中 $\|A\|$ 为 $|A|$ 或 $\mathrm{assoc}(A,V)$。

为了求解上述优化问题，引入分组向量

$$\begin{aligned}
y_i^A:&=\begin{cases}\dfrac{1}{\sqrt{\|A\|}}, & i\in A,\\ 0, & i\in B,\end{cases}\quad i=1,2,\cdots,N\\
y_i^B:&=\begin{cases}0, & i\in A,\\ \dfrac{1}{\sqrt{\|B\|}}, & i\in B,\end{cases}\quad i=1,2,\cdots,N
\end{aligned} \tag{5-23}$$

显然，

$$\begin{cases}\boldsymbol{y}^{A^{\mathrm{T}}}\boldsymbol{y}^B=0,\\ \boldsymbol{y}^{A^{\mathrm{T}}}\boldsymbol{D}\boldsymbol{y}^B=0,\\ \boldsymbol{y}^{A^{\mathrm{T}}}\boldsymbol{y}^A=\dfrac{|A|}{\|A\|}=1, \quad \|A\|=|A|\\ \boldsymbol{y}^{A^{\mathrm{T}}}\boldsymbol{D}\boldsymbol{y}^A=\dfrac{\sum\limits_{i\in A}d_i}{\|A\|}=1, \quad \|A\|=\mathrm{assoc}(A,V)\end{cases} \tag{5-24}$$

此外，

$$\begin{aligned}
\boldsymbol{y}^{A^{\mathrm{T}}}\boldsymbol{L}\boldsymbol{y}^A&=\frac{1}{2}\sum_{i,j}(y_i^A-y_j^A)^2w_{ij}\\
&=\sum_{i\in A,j\in B}\frac{w_{ij}}{\|A\|}=\frac{\mathrm{assoc}(A,B)}{\|A\|}
\end{aligned} \tag{5-25}$$

类似地，

$$\boldsymbol{y}^{B^{\mathrm{T}}}\boldsymbol{L}\boldsymbol{y}^B=\frac{\mathrm{assoc}(A,B)}{\|B\|} \tag{5-26}$$

由此，式(5-22)可以等价地表示为

$$\mathrm{cut}(A,B)=\boldsymbol{y}^{A^{\mathrm{T}}}\boldsymbol{L}\boldsymbol{y}^{A}+\boldsymbol{y}^{B^{\mathrm{T}}}\boldsymbol{L}\boldsymbol{y}^{B} \tag{5-27}$$

接下来我们分别讨论 Rcut 和 Ncut 的求解方法。对于 Rcut，对应的优化问题为

$$\begin{aligned}&\min_{\boldsymbol{y}^{A},\boldsymbol{y}^{B}}\boldsymbol{y}^{A^{\mathrm{T}}}\boldsymbol{L}\boldsymbol{y}^{A}+\boldsymbol{y}^{B^{\mathrm{T}}}\boldsymbol{L}\boldsymbol{y}^{B}\\&\mathrm{s.t.}\quad \boldsymbol{y}^{A^{\mathrm{T}}}\boldsymbol{y}^{B}=0,\quad \boldsymbol{y}^{A^{\mathrm{T}}}\boldsymbol{y}^{A}=1,\quad \boldsymbol{y}^{B^{\mathrm{T}}}\boldsymbol{y}^{B}=1\end{aligned} \tag{5-28}$$

设 $\boldsymbol{L}$ 的特征值为 $\lambda_1\leqslant\lambda_2\leqslant\cdots\leqslant\lambda_N$。显然，$\boldsymbol{y}^A,\boldsymbol{y}^B$ 应当是 $\boldsymbol{L}$ 最小的两个特征值(λ_1,λ_2)所对应的特征向量。但由式(5-17)可知，$\mathbf{1}$ 为 $\boldsymbol{L}$ 的零特征值 λ_1 所对应的特征向量。而 $\mathbf{1}$ 对于分割没有意义(这会导致所有点分给同一个子集)。故 $\boldsymbol{y}^A,\boldsymbol{y}^B$ 选择第二和第三小特征值(λ_2,λ_3)对应的特征向量即可。

对于 Ncut，相应的优化问题为

$$\begin{aligned}&\min_{\boldsymbol{y}^{A},\boldsymbol{y}^{B}}\boldsymbol{y}^{A^{\mathrm{T}}}\boldsymbol{L}\boldsymbol{y}^{A}+\boldsymbol{y}^{B^{\mathrm{T}}}\boldsymbol{L}\boldsymbol{y}^{B}\\&\mathrm{s.t.}\quad \boldsymbol{y}^{A^{\mathrm{T}}}\boldsymbol{D}\boldsymbol{y}^{B}=0,\quad \boldsymbol{y}^{A^{\mathrm{T}}}\boldsymbol{D}\boldsymbol{y}^{A}=1,\quad \boldsymbol{y}^{B^{\mathrm{T}}}\boldsymbol{D}\boldsymbol{y}^{B}=1\end{aligned} \tag{5-29}$$

令 $\boldsymbol{z}=\boldsymbol{D}^{\frac{1}{2}}\boldsymbol{y}$，可得

$$\begin{aligned}&\min_{\boldsymbol{z}^{A},\boldsymbol{z}^{B}}\boldsymbol{z}^{A^{\mathrm{T}}}\widetilde{\boldsymbol{L}}\boldsymbol{z}^{A}+\boldsymbol{z}^{B^{\mathrm{T}}}\widetilde{\boldsymbol{L}}\boldsymbol{z}^{B}\\&\mathrm{s.t.}\quad \boldsymbol{z}^{A^{\mathrm{T}}}\boldsymbol{z}^{B}=0,\quad \boldsymbol{z}^{A^{\mathrm{T}}}\boldsymbol{z}^{A}=1,\quad \boldsymbol{z}^{B^{\mathrm{T}}}\boldsymbol{z}^{B}=1\end{aligned} \tag{5-30}$$

其中 $\widetilde{\boldsymbol{L}}:=\boldsymbol{D}^{-\frac{1}{2}}\boldsymbol{L}\boldsymbol{D}^{-\frac{1}{2}}$。设 $\widetilde{\boldsymbol{L}}$ 的特征值为 $\widetilde{\lambda}_1\leqslant\widetilde{\lambda}_2\leqslant\cdots\leqslant\widetilde{\lambda}_N$。同上，当去除 $\boldsymbol{y}=\mathbf{1}$(即 $\boldsymbol{z}=\boldsymbol{D}^{\frac{1}{2}}\mathbf{1}$)这种无意义的解后，$\boldsymbol{z}^A,\boldsymbol{z}^B$ 正是 $\widetilde{\lambda}_2,\widetilde{\lambda}_3$ 所对应的特征向量。

求出 $\boldsymbol{y}^A,\boldsymbol{y}^B$ 后，就可以根据给定的阈值 t 对数据进行分组：

$$\begin{cases}\boldsymbol{v}_i\in A, & y_i^A>t\\ \boldsymbol{v}_i\in B, & \text{其他}\end{cases} \tag{5-31}$$

上述分割只需要用到 $\boldsymbol{y}^A$，这是因为我们利用了 A,B 互斥的条件。

下面我们分别总结 Rcut 和 Ncut 算法的流程。

(1)Rcut 算法(算法 5)的流程如下：

输入：样本点 $\boldsymbol{v}_1,\boldsymbol{v}_2,\cdots,\boldsymbol{v}_N$，距离函数以及分组阈值 t。

1. 通过距离函数计算各点之间的邻接矩阵 $\boldsymbol{W}\in\mathbb{R}^{N\times N}$；
2. 通过式(5-14)计算 $\boldsymbol{D}$；
3. 计算拉普拉斯矩阵 $\boldsymbol{L}=\boldsymbol{D}-\boldsymbol{W}$；
4. 计算 $\boldsymbol{L}$ 的第二小特征值 λ_2 所对应的特征向量 $\boldsymbol{y}$；
5. 根据给定的阈值 t，确定分割：

$$\text{if } y_i^A>t,\boldsymbol{v}_i\in A;\ \text{else } \boldsymbol{v}_i\in B$$

输出：每个样本点 $\boldsymbol{v}_i$ 对应的类别。

(2)Ncut 算法(算法 6)的流程如下：

输入：样本点 $\boldsymbol{v}_1, \boldsymbol{v}_2, \cdots, \boldsymbol{v}_N$，距离函数以及分组阈值 t。

1. 通过距离函数计算各点之间的邻接矩阵 $\boldsymbol{W} \in \mathbb{R}^{N \times N}$；
2. 通过式(5-14)计算 $\boldsymbol{D}$；
3. 计算拉普拉斯矩阵$\boldsymbol{L}=\boldsymbol{D}-\boldsymbol{W}$，进一步得到$\widetilde{\boldsymbol{L}}=\boldsymbol{D}^{-\frac{1}{2}}\boldsymbol{L}\boldsymbol{D}^{-\frac{1}{2}}$；
4. 计算 $\widetilde{\boldsymbol{L}}$的第二小特征值 $\widetilde{\lambda}_2$ 所对应的特征向量 $\boldsymbol{z}$；
5. 计算 $\boldsymbol{y}=\boldsymbol{D}^{-\frac{1}{2}}\boldsymbol{z}$；
6. 根据给定的阈值 t，确定分割：

$$\text{if } y_i^A > t, \boldsymbol{v}_i \in A; \text{ else } \boldsymbol{v}_i \in B$$

输出：每个样本点 $\boldsymbol{v}_i$ 对应的类别。

图 5-6 所示的是利用 Rcut，Ncut 算法进行聚类的一个实例。在此类情况下，Rcut，Ncut 算法均能正确分类。

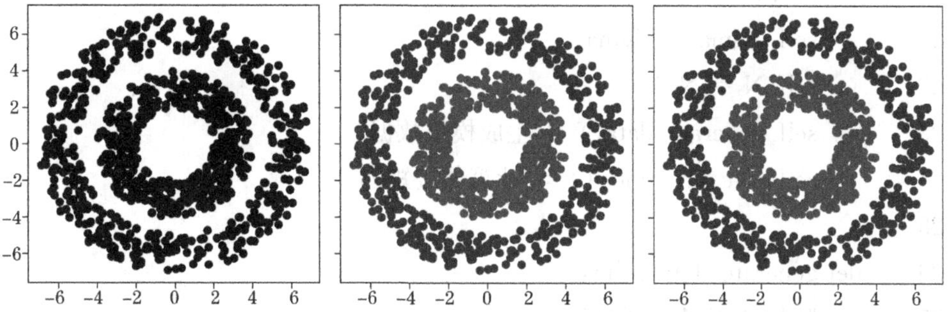

(a)数据　(b)Rcut 算法　(c)Ncut 算法

图 5-6　利用 Rcut，Ncut 算法进行聚类的实例

下面是关于这两类算法的谱聚类示例。我们选择 $r=1, \sigma=1$ 来计算邻接矩阵 $\boldsymbol{W}$。建议读者多尝试一些不同的参数，比如 $r=3$，从中会发现一些有趣的现象。

需要说明的是，Rcut 和 Ncut 算法有很大的优化空间，比如在计算第二小特征向量的时候，我们计算了所有的特征向量，这是非常费时的。

Rcut 和 Ncut 算法的示例代码如下：

```

# 谱聚类的一个简单示例
from typing import Optional
import numpy as np
import matplotlib.pyplot as plt
```

```
from scipy. stats import uniform


class Cut：

    def _ _init_ _(
        self，r：float，sigma：float，N：int
    )-> None：
        """
        Args：
            r：距离函数的阈值；
            sigma：距离函数的 sigma；
            N：样本数
        """
        self. r = r
        self. sigma = sigma
        self. N = N
        self. generate_data() # 生成模拟数据
        self. calc_proximity() # 计算邻接矩阵

    def generate_data(self)：
        """极坐标表示采样"""
        n = self. N // 2
        loc = (2，5)
        scale = 2
        r = np. zeros(n * 2)
        angles = np. zeros(n * 2)
        r[：n] = uniform. rvs(loc[0]，scale，size=n)
        r[n：] = uniform. rvs(loc[1]，scale，size=n)
        angles = uniform. rvs(0，np. pi * 2，size=n * 2)
        x = r * np. cos(angles) # 计算 x
        y = r * np. sin(angles) # 计算 y
        self. data = np. stack((x，y)，axis=1)
        return self. data
```

```
40
41    def calc_proximity(self):
42        data = self.data[:, None,:] — self.data
43        dist = np.linalg.norm(data, axis=—1)
44        indices = dist <= self.r  ♯ 判断哪些点之间是不需要连接的
45        dist[~indices] = 0.    ♯~表示取反
46        dist[indices] = np.exp(—(dist[indices] / self.sigma) ** 2)
47        self.W = dist
48        self.D = np.diag(np.sum(dist, axis=1))
49
50    def rcut(self, t: Optional[float]=None):
51        """
52        ratio cut 算法:
53        Args:
54        t: 阈值,默认取中位数
55        """
56        L = self.D — self.W  ♯ 计算拉普拉斯矩阵
57        _, vec = np.linalg.eigh(L)   ♯ 计算特征值和特征向量
58        vec = vec[:, 1]   ♯ 取第二小特征值对应的特征向量
59        t = np.median(vec) if t is None else t
60        indices = (vec <= t).astype(np.long) ♯ 分割
61        return indices
62
63    def ncut(self, t: Optional[float]=None):
64        """
65        normalized cut 算法:
66        Args:
67            t: 阈值,默认取中位数
68        """
69        D_half = np.sqrt(self.D)  ♯ D^{\frac{1}{2}}
70        D_inv_half = np.linalg.inv(D_half)  ♯ D^{—\frac{1}{2}}
71        L = D_inv_half @ (self.D — self.W) @ D_inv_half  ♯ \tilde{L}
72        _, vec = np.linalg.eigh(L)  ♯ 计算特征值和特征向量
73        vec = D_inv_half @ vec[:, 1]    ♯ 取第二小特征值对应的特征向量
```

```
74        t = np. median(vec) if t is None else t
75        indices = (vec <= t). astype(np. long)  # 分割
76        return indices
77
78
79   def main():
80       test = Cut(r=1, sigma=1, N=1000)  # 样本个数 1000，距离函数 r=1，
         sigma=1
81       rcut_results = test. rcut()  # Rcut 算法
82       ncut_results = test. ncut()  # Ncut 算法
83       fig, axes = plt. subplots(1, 3, figsize=(8, 2.7), sharey=True)  # 画图
84       axes[0]. scatter(test. data[:, 0], test. data[:, 1], color='black')
85       axes[0]. set_title('Data')
86       A = test. data[rcut_results == 0]
87       B = test. data[rcut_results == 1]
88       axes[1]. scatter(A[:, 0], A[:, 1], label='A')
89       axes[1]. scatter(B[:, 0], B[:, 1], label='B')
90       axes[1]. set_title('Rcut')
91       A = test. data[ncut_results == 0]
92       B = test. data[ncut_results == 1]
93       axes[2]. scatter(A[:, 0], A[:, 1], label='A')
94       axes[2]. scatter(B[:, 0], B[:, 1], label='B')
95       axes[2]. set_title('Ncut')
96       plt. tight_layout()
97       plt. show()
98
99   if __name__ == "__main__":
100      main()
```

5.3.3　多分割

多分割将数据点集 V 分为独立的 K 个子集，其最小化目标如下：

$$\sum_{k=1}^{K} \frac{assoc(A_k, A_k^c)}{\|A_k\|} \tag{5-32}$$

这里 $A_k^c = V \backslash A$ 为 A_k 的补集，当 $\| A_k \| = |A_k|$ 时为 Rcut 算法，当 $\| A_k \| = \mathrm{assoc}(A_k, V)$ 时为 Ncut 算法。

类似于二分割定义分组向量如下：

$$y_i^{A_k} := \begin{cases} \dfrac{1}{\sqrt{\| A_k \|}}, & i \in A_k, \\ 0, & i \notin A_k, \end{cases} \quad i = 1, 2, \cdots, N \tag{5-33}$$

易证其同样满足式(5-24)。由此，式(5-32)可以表示为

$$\sum_{k=1}^{K} \boldsymbol{y}^{A_k\,\mathrm{T}} \boldsymbol{L} \boldsymbol{y}^{A_k} \tag{5-34}$$

于是，对于 Rcut，优化目标如下：

$$\min_{\boldsymbol{y}^{A_k}} \sum_{k=1}^{K} \boldsymbol{y}^{A_k\,\mathrm{T}} \boldsymbol{L} \boldsymbol{y}^{A^k} \tag{5-35}$$

$$\text{s.t.} \quad \boldsymbol{Y}^{\mathrm{T}} \boldsymbol{Y} = \boldsymbol{I}$$

其中，$\boldsymbol{Y} = [\boldsymbol{y}^{A_1}, \cdots, \boldsymbol{y}^{A_K}] \in \mathbb{R}^{N \times K}$。

对于 Ncut，优化目标如下：

$$\min_{\boldsymbol{z}^{A_k}} \sum_{k=1}^{K} \boldsymbol{z}^{A_k\,\mathrm{T}} \widetilde{\boldsymbol{L}} \boldsymbol{z}^{A_k} \tag{5-36}$$

$$\text{s.t.} \quad \boldsymbol{Z}^{\mathrm{T}} \boldsymbol{Z} = \boldsymbol{I}$$

其中，$\boldsymbol{Z} = [\boldsymbol{z}^{A_1}, \cdots, \boldsymbol{z}^{A_K}] \in \mathbb{R}^{N \times K}$，而 $\boldsymbol{z} = \boldsymbol{D}^{\frac{1}{2}} \boldsymbol{y}$，$\widetilde{\boldsymbol{L}} = \boldsymbol{D}^{-\frac{1}{2}} \boldsymbol{L} \boldsymbol{D}^{-\frac{1}{2}}$。类似于二分割，除去 **1** 这类无意义的解，上述优化问题的解正是 $\boldsymbol{L}$(或 $\widetilde{\boldsymbol{L}}$)的特征值 $\lambda_2, \cdots, \lambda_{K+1}$(或 $\widetilde{\lambda}_2, \cdots, \widetilde{\lambda}_{K+1}$)所对应的特征向量。

需要注意的问题如下：

(1)为了保证 A_k 之间是互斥的，必须小心地选择阈值 t_k，或者每一次划分后，将划分后的样本去除，在剩余的样本中继续进行划分。其中阈值 t_k 的选择是一个难点。

(2)由于 $\boldsymbol{y}$ 是对真实解的一种近似，一次性确定所有的分割难免会产生较大的误差。先对 V 进行二分割，再对分割后的子集进行二分割，多次重复进行，能够得到更准确的分割结果。

5.4 EM 算法

无监督学习的更高级目标是估计出数据 $\boldsymbol{x}$ 的分布即密度函数 $p(\boldsymbol{x})$。倘若我们能够知

道数据的分布，就可以通过采样实现图片去噪、图像恢复、文学艺术创作等更复杂的任务。

设模型 $p(\boldsymbol{x};\theta)$是对真实分布的密度函数 $p(\boldsymbol{x})$的估计，其中 θ 是模型参数。一般可通过极大似然函数

$$\max_{\theta}\prod_{i=1}^{N}p(\boldsymbol{x}_i;\theta) \tag{5-37}$$

或对数似然函数

$$\max_{\theta}\sum_{i=1}^{N}\log p(\boldsymbol{x}_i;\theta) \tag{5-38}$$

来确定最优的模型参数 θ^*。

极大似然估计往往要求数据是完整的。而在实际问题中，$\boldsymbol{x}$ 可能仅有一部分值 $\boldsymbol{x}_{\text{obs}}$ 是可观测的，而另一部分则是缺失的。例如，在某区域抽样调查当代大学生的身高情况时，由于被调查者的性别情况未记录，因此我们需要在每个样本性别未知的情况下，仅通过身高数据估计性别比例以及相应的男女生身高分布，这便是一个典型的 EM 算法的任务。

5.4.1 EM 算法的思想

不妨设 $\boldsymbol{x}$ 表示已观测的部分，$\boldsymbol{z}$ 表示未观测的部分。在不影响理解的情况下，我们会省略下标 i。由于任务中的模型参数 θ 以及额外的未观测部分 $\boldsymbol{z}$ 需要估计，因此可基于交替优化的思路进行求解。

EM 算法的基本思想如下：

(1)E 步。若 θ^{t-1}是 θ 的一个估计，固定 θ^{t-1}，关于对数似然函数求隐变量 $\boldsymbol{z}$ 的期望，得到平均对数似然函数(Q 函数)：

$$Q(\theta,\theta^{t-1}):=\sum_{i=1}^{N}\mathbb{E}_{\boldsymbol{z}}[\log p(\boldsymbol{x}_i,\boldsymbol{z}_i(\theta^{t-1});\theta)] \tag{5-39}$$

(2)M 步。固定 $\boldsymbol{z}$，根据 Q 函数更新θ：

$$\theta^t=\underset{\theta}{\operatorname{argmax}}\,Q(\theta,\theta^{t-1}) \tag{5-40}$$

如此往复直至收敛。

5.4.2 高斯混合模型

高斯混合模型(GMM)假定数据满足如下概率分布：

$$p(\boldsymbol{x};\theta)=\sum_{k=1}^{K}\alpha_k\varphi(\boldsymbol{x};\theta_k) \tag{5-41}$$

其中 $\theta_k=(\boldsymbol{\mu}_k,\boldsymbol{\Sigma}_k)$，

$$\varphi(\boldsymbol{x};\theta_k)=\frac{1}{(2\pi)^{\frac{d}{2}}|\boldsymbol{\Sigma}_k|^{\frac{1}{2}}}\exp\left[-\frac{1}{2}(\boldsymbol{x}-\boldsymbol{\mu}_k)^{\mathrm{T}}\boldsymbol{\Sigma}_k^{-1}(\boldsymbol{x}-\boldsymbol{\mu}_k)\right] \tag{5-42}$$

比重 $\alpha_k>0$ 且满足

$$\sum_{k=1}^{K}\alpha_k = 1 \tag{5-43}$$

所有待求参数为 $\theta=\{\alpha_k,\boldsymbol{\mu}_k,\boldsymbol{\Sigma}_k\}_{k=1}^{K}$。GMM 对应的数据样本可以认为是先根据比重选出类别 k,进而再根据类别的密度函数抽样获得的。

注意到对于每个样本 $\boldsymbol{x}_i$,其所属类别信息是缺失的。为此以 z_{ik} 表示样本 $\boldsymbol{x}_i$ 与类别 k 的关系:如果 $\boldsymbol{x}_i$ 来自类别 k,则 $z_{ik}=1$;否则 $z_{ik}=0$。

记

$$p(\boldsymbol{x}_i,\boldsymbol{z}_i;\theta)=\prod_{k=1}^{K}[\alpha_k\varphi(\boldsymbol{x}_i;\theta_k)]^{z_{ik}} \tag{5-44}$$

由此当给定 N 个观测样本 $\boldsymbol{x}_i(i=1,2,\cdots,N)$时,其对数似然函数为

$$\begin{aligned}\ell(\boldsymbol{x},\boldsymbol{z};\theta) &= \sum_{i=1}^{N}\log\prod_{k=1}^{K}[\alpha_k\varphi(\boldsymbol{x}_i;\theta_k)]^{z_{ik}} = \sum_{i=1}^{N}\sum_{k=1}^{K}z_{ik}\log\alpha_k\varphi(\boldsymbol{x}_i;\theta_k)\\ &\propto \sum_{i=1}^{N}\sum_{k=1}^{K}z_{ik}\left[\log\alpha_k-\frac{1}{2}\log|\boldsymbol{\Sigma}_k|-\frac{1}{2}(\boldsymbol{x}_i-\boldsymbol{\mu}_k)^{\mathrm{T}}\boldsymbol{\Sigma}_k^{-1}(\boldsymbol{x}_i-\boldsymbol{\mu}_k)\right]\end{aligned} \tag{5-45}$$

首先,设 θ 的估计 θ^{t-1} 已知,关于 $\boldsymbol{z}$ 求期望,可得如下平均似然函数:

$$Q(\theta,\theta^{t-1})=\sum_{k=1}^{K}\sum_{i=1}^{N}\hat{z}_{ik}(\boldsymbol{x}_i;\theta^{t-1})\left[\log\alpha_k-\frac{1}{2}\log|\boldsymbol{\Sigma}_k|-\frac{1}{2}(\boldsymbol{x}_i-\boldsymbol{\mu}_k)^{\mathrm{T}}\boldsymbol{\Sigma}_k^{-1}(\boldsymbol{x}_i-\boldsymbol{\mu}_k)\right] \tag{5-46}$$

其中

$$\begin{aligned}\hat{z}_{ik}(\boldsymbol{x}_i;\theta^{t-1}) &= \mathbb{E}_z[z_{ik}\,|\,\boldsymbol{x}_i,\theta^{t-1}]\\ &= 1\cdot p(z_{ik}=1\,|\,\boldsymbol{x}_i,\theta^{t-1})+0\cdot p(z_{ik}=0\,|\,\boldsymbol{x}_i,\theta^{t-1})\\ &= \frac{p(z_{ik}=1,\boldsymbol{x}_i\mid\theta^{t-1})}{p(\boldsymbol{x}_i\mid\theta^{t-1})}=\frac{\alpha_k^{t-1}\varphi(\boldsymbol{x}_i;\theta_k^{t-1})}{\sum_{j=1}^{K}\alpha_j^{t-1}\varphi(\boldsymbol{x}_i;\theta_j^{t-1})}\end{aligned} \tag{5-47}$$

接着,令式(5-46)关于 $\boldsymbol{\mu}_k$, $\boldsymbol{\Sigma}_k$ 的梯度为 0,得

$$\begin{cases}0=\boldsymbol{\Sigma}_k^{-1}\sum_{i=1}^{N}\hat{z}_{ik}(\boldsymbol{\mu}_k-\boldsymbol{x}_i)\\ 0=-\dfrac{\sum_{i=1}^{N}\hat{z}_{ik}}{2}\boldsymbol{\Sigma}_k^{-1}+\dfrac{1}{2}\sum_{i=1}^{N}\hat{z}_{ik}\boldsymbol{\Sigma}_k^{-1}(\boldsymbol{x}_i-\boldsymbol{\mu}_k)(\boldsymbol{x}_i-\boldsymbol{\mu}_k)^{\mathrm{T}}\boldsymbol{\Sigma}_k^{-1}\end{cases} \tag{5-48}$$

解上述方程组,可知更新后的密度函数的参数为

$$\boldsymbol{\mu}_k^t=\frac{\sum_{i=1}^{N}\hat{z}_{ik}\boldsymbol{x}_i}{\sum_{i=1}^{N}\hat{z}_{ik}},\quad \boldsymbol{\Sigma}_k^t=\frac{\sum_{i=1}^{N}\hat{z}_{ik}(\boldsymbol{x}_i-\boldsymbol{\mu}_k^t)(\boldsymbol{x}_i-\boldsymbol{\mu}_k^t)^{\mathrm{T}}}{\sum_{i=1}^{N}\hat{z}_{ik}} \tag{5-49}$$

最后，注意到 $\sum_{k=1}^{K}\alpha_k=1$，将其作为约束条件，并将 Lagrange 乘子与式(5-46)结合形成 Lagrange 目标函数，令目标函数关于 α_k 的梯度为零，则可求得更新后的比例为

$$\alpha_k^t=\frac{\sum_{i=1}^{N}\hat{z}_{ik}}{\sum_{i=1}^{N}\sum_{k=1}^{K}\hat{z}_{ik}}=\frac{\sum_{i=1}^{N}\hat{z}_{ik}}{N} \tag{5-50}$$

其中利用了式(5-47)。

下面我们给出 GMM 模型的 EM 算法流程(流程示意图如图 5-7 所示)：

输入：样本点 $\boldsymbol{x}_1,\boldsymbol{x}_2,\cdots,\boldsymbol{x}_N$，类别数 K，最大迭代次数 τ。

1. 初始化参数 $\alpha_k^0,\boldsymbol{\mu}_k^0,\boldsymbol{\Sigma}_k^0,k=1,2,\cdots,K$；

2. for $t=1,2,\cdots,\tau$ do

3. E 步：

$$\hat{z}_{ik}^t=\frac{\alpha_k\varphi(\boldsymbol{x}_i;\hat{\theta}_k^{t-1})}{\sum_{j=1}^{K}\alpha_j\varphi(\boldsymbol{x}_i;\hat{\theta}_j^{t-1})}$$

4. M 步：

$$\alpha_k^t=\frac{\sum_{i=1}^{N}\hat{z}_{ik}^t}{N},\quad \boldsymbol{\mu}_k^t=\frac{\sum_{i=1}^{N}\hat{z}_{ik}^t\boldsymbol{x}_i}{\sum_{i=1}^{N}\hat{z}_{ik}^t},$$

$$\boldsymbol{\Sigma}_k^t=\frac{\sum_{i=1}^{N}\hat{z}_{ik}^t(\boldsymbol{x}_i-\boldsymbol{\mu}_k)(\boldsymbol{x}_i-\boldsymbol{\mu}_k)^{\mathrm{T}}}{\sum_{i=1}^{N}\hat{z}_{ik}^t}.$$

输出：$\alpha_k^\tau,\boldsymbol{\mu}_k^\tau,\boldsymbol{\Sigma}_k^\tau,k=1,2,\cdots,K$。

下面是一个 EM 算法应用于 GMM 的示例。设数据来自 3 个高斯分布，比重、均值和协方差矩阵如下：

$$\begin{cases}(\alpha_1,\alpha_2,\alpha_3)=(0.2,0.4,0.4)\\(\boldsymbol{\mu}_1,\boldsymbol{\mu}_2,\boldsymbol{\mu}_3)=((0,0)^{\mathrm{T}},(5,5)^{\mathrm{T}},(10,10)^{\mathrm{T}})\\(\boldsymbol{\Sigma}_1,\boldsymbol{\Sigma}_2,\boldsymbol{\Sigma}_3)=(0.5\boldsymbol{I},\boldsymbol{I},2\boldsymbol{I})\end{cases} \tag{5-51}$$

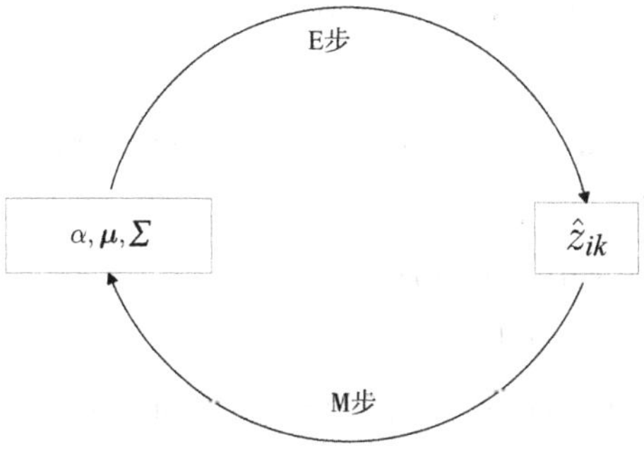

图 5-7 GMM 模型的 EM 流程

我们随机生成 $N=1000$ 个样本用于实验。

读者可以通过设定不同的初始参数值来探究算法对初始值的敏感性。

高斯混合模型的 EM 算法的示例代码如下：

```
#这是一个 EM 算法应用于 GMM 模型的示例
from typing import Tuple, List
import numpy as np
from scipy.stats import multivariate_normal


class GMMDemo:

    def __init__(self, N: int = 100) ->None:
        self.p = np.array([0.2, 0.4, 0.4]) # 比重系数
        self.m = np.array([[0., 0.],[5., 5.], [10., 10.]]) # 均值
        self.cov = np.array([0.5, 1., 2.])[:, None, None] * np.eye(2)
        #协方差矩阵
        self.N = N
        self.generate_data() # 生成模拟的数据

    def generate_data(self) -> Tuple[np.ndarray]:
        K, d = self.m.shape
        self.category = np.random.choice(
            list(range(K)), size=self.N,
```

```
            replace=True, p=self.p
        )
        self.data = np.zeros((self.N, d), dtype=np.float)
        for i in range(K):
            indices = self.category == i
            n = np.sum(indices)
            self.data[indices] = multivariate_normal(
                mean=self.m[i], cov=self.cov[i]
            ).rvs(size=n)
        return self.category, self.data

    # E步
    def stepE(self, params) -> np.ndarray:
        p, m, cov = params
        K = len(p)
        N = len(self.data)
        z_pred = np.zeros((K, N), dtype=float)
        for k in range(K): # 逐个计算密度
            z_pred[k] = multivariate_normal.pdf(
                self.data, m[k], cov[k], allow_singular=True
            )
        z_pred = z_pred.T * p
        z_pred = z_pred / np.sum(z_pred, axis=1, keepdims=True)
        return z_pred.T

    # M步
    def stepM(self, z_pred: np.ndarray) -> List:
        K, N = z_pred.shape
        tmp = np.sum(z_pred, axis=1)
        p = tmp / N
        m = np.sum(z_pred[..., None] * self.data, axis=1) \
                / tmp[:, None]
        centered = (self.data - np.expand_dims(m, 1)) \
                    * z_pred[..., None]
        centered_T = np.transpose(centered, axes=(0, 2, 1))
```

```
        cov = centered_T @ centered / tmp[..., None, None]
        params = [p, m, cov]
        return params

    def em(
        self, p: np.ndarray, m: np.ndarray,
        cov: np.ndarray, max_iters: int = 10
    ):
        params = [p, m, cov] # 初始化参数
        for _ in range(max_iters):
            z_pred = self.stepE(params)
            params = self.stepM(z_pred)
        return params

def main():

    test = GMMDemo(N=1000)
    params = test.em(
        p=np.array([1., 1., 1.]) / 3,
        m=np.array([[1., 1.], [4., 4.], [7., 7.]]),
        cov=np.array([1., 2., 3.])[:, None, None] * np.eye(2),
        max_iters=10
    )
    print(f"P: \n{params[0]}")
    print(f"Mean: \n{params[1]}")
    print(f"Cov: \n{params[2]}")

if __name__ == "__main__":
    main()
```

5.4.3 一般混合模型

前面提到的高斯混合模型的密度函数是式(5-52)中一般模型的特例。

$$p(\boldsymbol{x};\theta)=\int_{z} p(\boldsymbol{x}|\boldsymbol{z};\theta)p(\boldsymbol{z})\mathrm{d}z \tag{5-52}$$

其中，$\boldsymbol{z}\in\{1,2,\cdots,K\}$是有限离散的。

一般模型的对数似然函数为

$$\ell(\boldsymbol{x},\boldsymbol{z};\theta)=\sum_{i=1}^{N}\log p(\boldsymbol{x}_i,\boldsymbol{z}_i;\theta) \tag{5-53}$$

设 $\hat{\theta}$ 是关于 θ 的一个估计值，对式(5-53)关于 $\boldsymbol{z}$ 求期望可得如下 Q 函数：

$$\begin{aligned}Q(\theta,\hat{\theta})&=\mathbb{E}_{z}\ell(\boldsymbol{x},\boldsymbol{z};\theta)\\&=\int_{z}p(\boldsymbol{z}|\boldsymbol{x}_i;\hat{\theta})\sum_{i=1}^{N}\log p(\boldsymbol{x}_i,\boldsymbol{z};\theta)\mathrm{d}\boldsymbol{z}\\&\propto\sum_{i=1}^{N}\int_{z}p(\boldsymbol{z}|\boldsymbol{x}_i;\hat{\theta})\log\frac{p(\boldsymbol{x}_i,\boldsymbol{z};\theta)}{p(\boldsymbol{z}|\boldsymbol{x}_i;\hat{\theta})}\mathrm{d}\boldsymbol{z}\end{aligned} \tag{5-54}$$

$\propto$表示相差一个与待求参数 θ 无关的项，不影响优化结果。

利用琴生(Jensen)不等式可知

$$Q(\theta,\hat{\theta})\leqslant\sum_{i=1}^{N}\log p(\boldsymbol{x}_i;\theta) \tag{5-55}$$

当且仅当后验分布 $p(\boldsymbol{z}|\boldsymbol{x}_i;\hat{\theta})=p(\boldsymbol{z}|\boldsymbol{x}_i;\theta)$ 时不等式取等号。由此可知最大化 Q 函数，实际上是在最大化边际似然 $\sum_{i=1}^{N}\log p(\boldsymbol{x}_i;\theta)$ 的一个特殊下界。并且当 $p(\boldsymbol{z}|\boldsymbol{x}_i;\hat{\theta})=p(\boldsymbol{z}|\boldsymbol{x}_i;\theta)$ 时，可认为最大化 Q 函数就是最大化边际似然。

如果用一般的 $q_i(\boldsymbol{z})$ 来表示对后验分布 $p(\boldsymbol{z}|\boldsymbol{x}_i;\theta)$ 的一个近似，则可得到一个更平凡的下界，称为“证据下界”(evidence lower bound，ELBO)：

$$\mathrm{ELBO}(q,\boldsymbol{x};\theta)=\sum_{i=1}^{N}\int_{z}q_i(\boldsymbol{z})\log\frac{p(\boldsymbol{x}_i,\boldsymbol{z};\theta)}{q_i(\boldsymbol{z})}\mathrm{d}\boldsymbol{z} \tag{5-56}$$

注意：EM 算法中的 $p(\boldsymbol{z}|\boldsymbol{x}_i;\hat{\theta})$ 其实是 $q_i(\boldsymbol{z})$ 的一个特殊选择。后面我们将介绍一种基于 ELBO的更为复杂的可用于数据生成的算法。

5.5 变分自编码

本节我们将介绍无监督学习中的变分自编码(variational auto-encoder，VAE)。与 EM 算法一样，VAE 算法的目的也是估计可观测变量 $\boldsymbol{x}$ 以及隐变量 $\boldsymbol{z}$ 的联合分布 $p(\boldsymbol{x},\boldsymbol{z};\theta)$。但与 EM 算法不同的是，VAE 算法中的隐变量 $\boldsymbol{z}$ 通常被认为是决定 $\boldsymbol{x}$ 生成的某些关键因素(变量)，比如图片的色彩、风格。VAE 除了能估计数据分布，还能用于数据生成等更为复杂的学习任务[5]。

和之前介绍的自编码器一样，变分自编码器也是由一个编码器和一个解码器组成。编码器可以将样本 $\boldsymbol{x}$ 压缩为更具“辨识度”的隐变量 $\boldsymbol{z}$，解码器可以通过调整 $\boldsymbol{z}$ 生成更多的样本。接下来，我们将介绍变分自编码是如何估计联合分布 $p(\boldsymbol{x},\boldsymbol{z};\theta)$ 的。

5.5.1 VAE中的证据下界

在介绍EM算法时，我们已经给出了边际似然的一个证据下界：

$$\mathrm{ELBO}(q,\boldsymbol{x};\theta)=\sum_{i=1}^{N}\int_{z}q_{i}(\boldsymbol{z})\log\frac{p(\boldsymbol{x}_{i},\boldsymbol{z};\theta)}{q_{i}(\boldsymbol{z})}\mathrm{d}\boldsymbol{z}\leqslant\sum_{i=1}^{N}\log p(\boldsymbol{x}_{i};\theta) \tag{5-57}$$

当且仅当 $q_i(\boldsymbol{z})=p(\boldsymbol{z}|\boldsymbol{x}_i;\theta)$时，该下界与边际似然完全一致。

如果我们选取的 $q_i(\boldsymbol{z})$是一个编码器网络 $q(\boldsymbol{z}|\boldsymbol{x};\varphi)$，令 $p(\boldsymbol{x}|\boldsymbol{z};\theta)$是相应的解码器网络，$\varphi,\theta$ 分别为编码器和解码器的参数，则对应的算法称为变分自编码器。此时，

$$\begin{aligned}\mathrm{ELBO}(q,\boldsymbol{x};\theta,\varphi)&=\sum_{i=1}^{N}\int_{z}q(\boldsymbol{z}|\boldsymbol{x}_{i};\varphi)\log\frac{p(\boldsymbol{x}_{i},\boldsymbol{z};\theta)}{q(\boldsymbol{z}|\boldsymbol{x}_{i};\varphi)}\mathrm{d}\boldsymbol{z}\\&=\sum_{i=1}^{N}\int_{z}q(\boldsymbol{z}|\boldsymbol{x}_{i};\varphi)\left[\log p(\boldsymbol{x}|\boldsymbol{z};\theta)+\log\frac{p(z)}{q(\boldsymbol{z}|\boldsymbol{x}_{i};\varphi)}\right]\mathrm{d}\boldsymbol{z}\\&=\sum_{i=1}^{N}\left[\mathbb{E}_{q}\log p(\boldsymbol{x}_{i}|\boldsymbol{z};\theta)-\mathrm{KL}(q(\boldsymbol{z}|\boldsymbol{x}_{i};\varphi)\parallel p(\boldsymbol{z}))\right]\end{aligned} \tag{5-58}$$

其中 $p(\boldsymbol{z})$表示隐变量 $\boldsymbol{z}$ 的先验分布，由人为给定，标准正态分布 $N(\boldsymbol{0},\boldsymbol{I})$是先验分布的一种常用选择。而 $\mathrm{KL}(q\parallel p)$为如下库尔贝克·莱布勒(Kullback-Leibler,KL)散度：

$$\mathrm{KL}(q\parallel p)=-\int_{z}q(\boldsymbol{z})\ \log\frac{p(\boldsymbol{z})}{q(\boldsymbol{z})}\mathrm{d}\boldsymbol{z} \tag{5-59}$$

散度越小表示两个分布越接近。

自编码器的优化目标为

$$\max_{\varphi,\theta}\mathrm{ELBO}(q,\boldsymbol{x};\theta,\varphi) \tag{5-60}$$

注意到优化目标(5-60)等价于

$$\max_{\varphi,\theta}\ell_{1}(\theta,\varphi)+\ell_{2}(\varphi) \tag{5-61}$$

其中，

$$\begin{cases}\ell_{1}(\theta,\varphi)=-\displaystyle\sum_{i=1}^{N}\int_{z}q(\boldsymbol{z}|\boldsymbol{x}_{i};\varphi)\log p(\boldsymbol{x}_{i}|\boldsymbol{z};\theta)\mathrm{d}\boldsymbol{z}\\ \ell_{2}(\varphi)=\mathrm{KL}(q(\boldsymbol{z}|\boldsymbol{x}_{i};\varphi)\parallel p(\boldsymbol{z}))\end{cases} \tag{5-62}$$

对于上述优化目标，有 θ 和 φ 两组参数需要确定，我们可以借助交替优化的思想对优化目标进行直观理解。交替优化的步骤如下：

(1)E步：保持 θ 固定，对于 φ，有

$$\begin{aligned}&\max_{\varphi}\mathrm{ELBO}(q,\boldsymbol{x};\theta,\varphi)\\&\propto\max_{\varphi}\Big(\mathrm{ELBO}(q,\boldsymbol{x};\theta,\varphi)-\sum_{i=1}^{N}\log p(\boldsymbol{x}_{i};\theta)\Big)\\&=\min_{\varphi}\sum_{i=1}^{N}\mathrm{KL}(q(\boldsymbol{z}|\boldsymbol{x}_{i};\varphi)\parallel p(\boldsymbol{z}|\boldsymbol{x}_{i};\theta))\end{aligned} \tag{5-63}$$

其中最后的等式利用了贝叶斯公式。可以看出，优化解码器实际上是在逼近隐变量 z 的后验分布 $p(\boldsymbol{z}|\boldsymbol{x}_i;\theta)$。

(2)M 步：保持 φ 固定，对于 θ，有

$$\max_{\theta}\sum_{i=1}^{N}\mathbb{E}_q\log\ p(\boldsymbol{x}_i|\boldsymbol{z};\theta) \tag{5-64}$$

因此，优化编码器实际上是最大化数据的后验似然估计。

5.5.2 VAE 的损失函数及简化

以 $q(\boldsymbol{z}|\boldsymbol{x};\varphi)$，$p(\boldsymbol{x}|\boldsymbol{z};\theta)$ 均为正态分布为例，变分自编码的基本流程如图 5-8 所示。

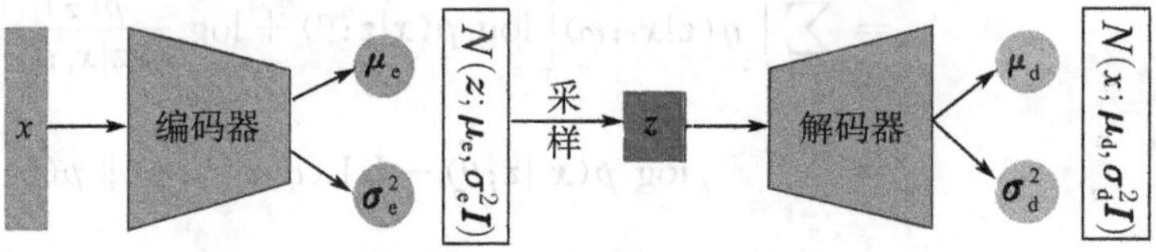

图 5-8 变分自编码的基本流程

我们假设隐变量的先验分布满足 $p(\boldsymbol{z})=N(\boldsymbol{0},\boldsymbol{I})$，数据的后验分布满足 $p(\boldsymbol{x}|\boldsymbol{z};\theta)=N(\boldsymbol{\mu}_d,\boldsymbol{\sigma}_d^2\boldsymbol{I})$，而隐变量的后验分布满足 $q(\boldsymbol{z}|\boldsymbol{x};\varphi)=N(\boldsymbol{\mu}_e,\boldsymbol{\sigma}_e^2\boldsymbol{I})$，其中均值和协方差矩阵将由解码器和编码器的输出确定。上述先验和后验分布是目前 VAE 算法中最为常用的一类假设。

首先，因为优化目标[式(5-61)]中含有积分，为了便于将来求导更新网络参数，需对积分进行化简。最直接的一种做法是根据密度函数 $q(\boldsymbol{z}|\boldsymbol{x}_i;\varphi)$，进行蒙特卡罗采样实现积分的离散。但是这种做法存在两个问题：

(1)密度函数 $q(\boldsymbol{z}|\boldsymbol{x}_i;\varphi)$ 是在不断的更新中，每次都要先求出新的密度函数后才能采样，计算量极大。

(2)虽然 $\ell_1(\theta,\varphi)$ 关于 φ 的梯度可以利用如下"对数求导技巧"化简：

$$\begin{aligned}\nabla_{\varphi}\ell_1(\theta,\varphi)&=-\sum_{i=1}^{N}\int_z q(\boldsymbol{z}|\boldsymbol{x}_i;\varphi)\ \nabla_{\varphi}\log\ q(\boldsymbol{z}|\boldsymbol{x}_i;\varphi)\log\ p(\boldsymbol{x}_i|\boldsymbol{z};\theta)\mathrm{d}\boldsymbol{z}\\&=-\sum_{i=1}^{N}\frac{1}{K}\sum_{k=1}^{K}\ \nabla_{\varphi}\log\ q(\boldsymbol{z}_k|\boldsymbol{x}_i;\varphi)\log\ p(\boldsymbol{x}_i|\boldsymbol{z}_k;\theta)\end{aligned}$$

但是这样算出来的梯度方差很大，导致反向传播算法很难收敛。

为此，我们介绍再参数化技巧。其思路是通过引入恰当的变量替换，先对积分进行变换，然后通过简单的采样，从而得到性质较好的离散形式。以 $\ell_1(\theta,\varphi)$ 为例，可以引入如下变量替换：

$$\boldsymbol{z}=\boldsymbol{\mu}_e(\varphi)+\boldsymbol{\sigma}_e(\varphi)\odot\boldsymbol{t} \tag{5-65}$$

其中 $\boldsymbol{t}\sim N(\boldsymbol{0},\boldsymbol{I})$，显然 $\boldsymbol{z}\sim N(\boldsymbol{\mu}_e,\boldsymbol{\sigma}_e^2\boldsymbol{I})$。于是经上述变量替换后，只需关于 $\boldsymbol{t}$ 进行蒙特卡罗采样就可以得到

$$\ell_1(\theta,\varphi) = -\sum_{i=1}^{N}\int_t p(\boldsymbol{t})\log p(\boldsymbol{x}_i \mid \boldsymbol{\mu}_{\mathrm{e}}(\varphi) + \boldsymbol{\sigma}_{\mathrm{e}}(\varphi)\odot \boldsymbol{t}_k;\theta)\mathrm{d}\boldsymbol{t}$$
$$\approx -\sum_{i=1}^{N}\frac{1}{K}\sum_{k=1}^{K}[\log p(\boldsymbol{x}_i \mid \boldsymbol{\mu}_{\mathrm{e}}(\varphi) + \boldsymbol{\sigma}_{\mathrm{e}}(\varphi)\odot \boldsymbol{t}_k;\theta)] \tag{5-66}$$

其中 $\boldsymbol{t}_k \sim N(\boldsymbol{0},\boldsymbol{I})$。注意到 $p(\boldsymbol{x}|\boldsymbol{z};\theta) = N(\boldsymbol{x};\boldsymbol{\mu}_{\mathrm{d}},\boldsymbol{\sigma}_{\mathrm{d}}^2\boldsymbol{I})$，进一步化简(参数 φ 视为常量)可知

$$-\log p(\boldsymbol{x}_i|\boldsymbol{\mu}_{\mathrm{e}}(\varphi)+\boldsymbol{\sigma}_{\mathrm{e}}(\varphi)\odot \boldsymbol{t}_k;\theta)$$
$$\propto (\boldsymbol{x}_i - \boldsymbol{\mu}_{\mathrm{d}}(\boldsymbol{t}_k;\theta))^{\mathrm{T}}(\boldsymbol{\sigma}_{\mathrm{d}}(\boldsymbol{t}_k;\theta)^2\boldsymbol{I})^{-1}(\boldsymbol{x}_i - \boldsymbol{\mu}_{\mathrm{d}}(\boldsymbol{t}_k;\theta))^{\mathrm{T}} + \log|\boldsymbol{\sigma}_{\mathrm{d}}(\boldsymbol{t}_k;\theta)^2\boldsymbol{I}| \tag{5-67}$$

如果我们进一步假设标准差 $\boldsymbol{\sigma}_{\mathrm{d}}(\boldsymbol{t}_k;\theta)$ 是常数，则有

$$-\log p(\boldsymbol{x}_i|\boldsymbol{\mu}_{\mathrm{e}}(\varphi)+\boldsymbol{\sigma}_{\mathrm{e}}(\varphi)\odot \boldsymbol{t}_k;\theta) \propto \| \boldsymbol{x}_i - \boldsymbol{\mu}_{\mathrm{d}}(\boldsymbol{t}_k;\theta) \|_2^2 \tag{5-68}$$

将式(5-68)代入式(5-66)就可以得到优化目标 $\ell_1(\theta,\varphi)$ 的近似估计。在很多任务(如图像恢复)中，将 $\boldsymbol{\mu}_{\mathrm{d}}$ 直接作为生成的图像 $\hat{\boldsymbol{x}}$，则上述目标相当于要求 $\hat{\boldsymbol{x}}$ 接近真实的图像 $\boldsymbol{x}$。

对 $\ell_2(\varphi)$ 可以采用再参数化进行类似的估计。不过，当 $q(\boldsymbol{z}|\boldsymbol{x};\varphi) = N(\boldsymbol{\mu}_{\mathrm{e}},\boldsymbol{\sigma}_{\mathrm{e}}^2\boldsymbol{I})$ 时，亦可直接求积化简得

$$\ell_2(\varphi) = \mathbb{E}_q[\log q(\boldsymbol{z}|\boldsymbol{x};\varphi) - \log p(\boldsymbol{z})]$$
$$\propto -\frac{1}{2}\mathbb{E}_q[\log|\boldsymbol{\sigma}_{\mathrm{e}}^2\boldsymbol{I}| + (\boldsymbol{z}-\boldsymbol{\mu}_{\mathrm{e}})^{\mathrm{T}}(\boldsymbol{\sigma}_{\mathrm{e}}^2\boldsymbol{I})^{-1}(\boldsymbol{z}-\boldsymbol{\mu}_{\mathrm{e}}) - \boldsymbol{z}^{\mathrm{T}}\boldsymbol{z}]$$
$$\propto \frac{1}{2}[\| \boldsymbol{\mu}_{\mathrm{e}}(\varphi) \|_2^2 + \| \boldsymbol{\sigma}_{\mathrm{e}}(\varphi) \|_2^2 - \| \log \boldsymbol{\sigma}_{\mathrm{e}}(\varphi) \|_2^2)]$$

经上述步骤，最终 VAE 的优化目标[式(5-61)]可简化为

$$\frac{1}{2K}\sum_{i=1}^{N}\sum_{k=1}^{K}\{\| \boldsymbol{x}_i - \boldsymbol{\mu}_{\mathrm{d}}(\boldsymbol{t}_k;\theta) \|_2^2 + \alpha[\| \boldsymbol{\mu}_{\mathrm{e}}(\varphi) \|_2^2 + \| \boldsymbol{\sigma}_{\mathrm{e}}(\varphi) \|_2^2 - \| \log \boldsymbol{\sigma}_{\mathrm{e}}(\varphi) \|_2^2]\} \tag{5-69}$$

其中 α 是人为给定的超参数。对于简化后的优化目标，可以通过神经网络的 BP 梯度下降同时优化 θ,φ。

5.5.3 VAE 在 MNIST 数据集上的实践

接下来，我们通过 VAE 在 MNIST 数据集应用上的一个简单示例来加深对变分自编码的认识。对于编码器，我们首先将 784 维的图片(MNIST 数据的图片大小为 28×28)映射为 400 维，然后通过两个不同的线性层得到均值 $\boldsymbol{\mu}_{\mathrm{e}} \in \mathbb{R}^{20}$ 和对数方差 $\log \boldsymbol{\sigma}_{\mathrm{e}}^2 \in \mathbb{R}^{20}$，最后通过再参数化采样得到隐变量 $\boldsymbol{z}$。而解码器采用的是一个两层的全连接层，输出是 784 维的向量，解码器的标准差设为常数 1。我们以学习率 0.001 进行 10 次的迭代训练。

图 5-9 和图 5-10 分别为由解码器随机生成的图片以及隐变量均值 $\boldsymbol{\mu}_{\mathrm{e}}$ 在二维平面上的投影。可以发现，如此简单的一个模型就已经能够使得训练数据的特征具有很好的可分性，事实上这些 $\boldsymbol{\mu}_{\mathrm{e}}$ 完全可以用于后续的一些聚类任务，这比直接在原数据上聚类效果会好得多。

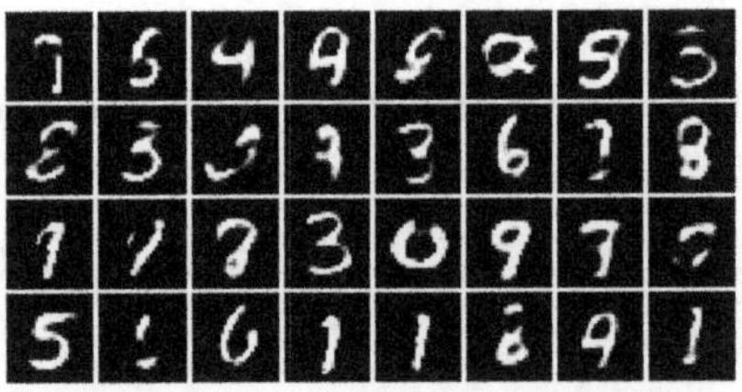

图 5-9 由 VAE 随机生成的图片

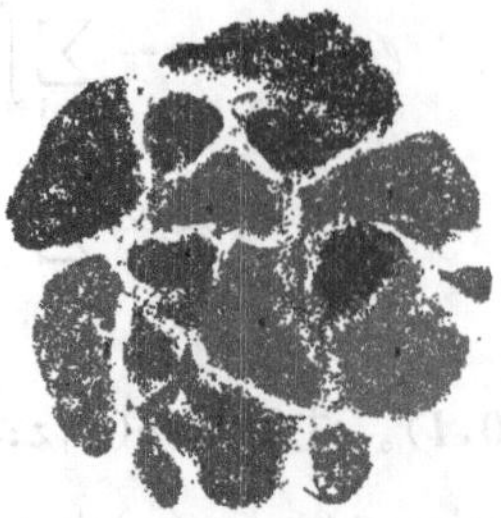

图 5-10 训练数据集所对应的 $\boldsymbol{\mu}_e$ 在二维平面的投影

VAE 算法的示例代码如下：

```


# 这是一个 VAE 在 MNIST 数据集上的简单示例
# Pytorch：1.4.0
# 本示例参考
# https://www.freesion.com/article/7639618962/
# AntixK/Pytorch-VAE：https://github.com/AntixK/PyTorch-VAE


from typing import Iterable, Tuple, Union
import torch
import torch.nn as nn
import torch.nn.functional as F
import torchvision



class VAE(nn.Module):

    def __init__(self)-> None:
        super().__init__()

        self.l = 20 # 隐变量 z 的维度
        self.encoder_fc = nn.Sequential(
            nn.Linear(784, 400),
            nn.LeakyReLU(0.2, inplace=True)
        )
        self.encoder_mu = nn.Linear(400, self.l)
```

```
        self.encoder_logvar = nn.Linear(400, self.l)

        self.decoder = nn.Sequential(
            nn.Linear(self.l, 400),
            nn.LeakyReLU(0.2, inplace=True),
            nn.Linear(400, 784),
            nn.Sigmoid() # 限制于(0, 1)
        )

    # 编码部分
    def encode(self, x: torch.Tensor) -> Tuple[torch.Tensor]:
        x = self.encoder_fc(x)
        mu = self.encoder_mu(x)
        logvar = self.encoder_logvar(x) # log sigma^2
        std = torch.exp(0.5 * logvar) # sigma
        return mu, std, logvar

    # 再参数化部分
    def reparameterize(self, mu: torch.Tensor, std: torch.Tensor) ->
    torch.Tensor:
        eps = torch.randn_like(std) # 从正态分布中采样
        return mu + std * eps

    # 解码部分
    def decode(self, z: torch.Tensor) -> torch.Tensor:
        x = self.decoder(z)
        return x

    # 完整的流程
    def forward(self, x: torch.Tensor) -> Union[Tuple, torch.Tensor]:
        x = x.flatten(start_dim=1)
        mu, std, log_var = self.encode(x)
        z = self.reparameterize(mu, std)
        x = self.decode(z)
        return x, mu, log_var

    # 损失函数
    def loss(self, x: torch.Tensor, kld_weight: float = 1.) -> torch.Tensor:
        """
        Args:
```

```
            kld weight：控制方差的超参数
        """
        x_recon，mu，log_var = self(x)
        recon_loss = 0.5 * F.mse_loss(x_recon，x.flatten(start_dim=1)，
        reduction='sum')
        kld_loss = 0.5 * torch.sum(mu.pow(2) + log_var.exp() - log_var)
        return (recon_loss + kld_weight * kld_loss) / x.size(0) # batch 平均


def load(lr：float = 0.001，batch_size：int = 128)：
    # 载入 MNIST 数据集，若 root 位置不存在
    # MNIST 则下载之
    trainset = torchvision.datasets.MNIST(
        root='./data'，train=True，download=True，
        transform=torchvision.transforms.ToTensor()
    )
    # 制作 dataloader，batch size：128；
    # shuffle=True 表示打乱顺序
    trainloader = torch.utils.data.DataLoader(
        trainset，batch_size=batch_size，shuffle=True
    )

    # 若可能，则使用 GPU 进行训练
    device = torch.device("cuda:0" if torch.cuda.is_available() else "cpu")

    model = VAE().to(device)
    # 使用学习率为 lr 的 Adam 优化器
    optimizer = torch.optim.Adam(model.parameters()，lr=lr)
    return model，optimizer，device，trainloader

@torch.no_grad()
def eval(model：VAE，device：torch.device)：
    import matplotlib.pyplot as plt
    model.eval() # training=False，对于此例无意义

    fig，axes = plt.subplots(4，8，figsize=(8，4))
    for i in range(4)：
        z = torch.randn((8，model.l)).to(device) # 随机采样 z
        x = model.decode(z).view((-1，28，28)) # 得到生成的图片 x
        x = x.clone().detach().cpu().numpy() # 图片 x 转成 ndarray 格式

```

```python
        for j in range(8):
            axes[i, j].imshow(x[j], cmap='gray')
            axes[i, j].axis('off')
    plt.show()

def train(
    model: VAE, device: torch.device,
    trainloader: Iterable,
    optimizer: torch.optim.Optimizer,
    kld_weight: float = 1.,
    epochs: int = 10
) -> None:
    for epoch in range(1, epochs + 1):
        running_loss = 0.
        model.train() # training=True，在此处无作用
        for i, (x, _) in enumerate(trainloader, 1):
            x = x.to(device) # 样本转移到 device 中
            loss = model.loss(x, kld_weight) # 计算损失

            optimizer.zero_grad() # 清空原有梯度
            loss.backward() # 回传梯度
            optimizer.step() # 更新参数

            running_loss += loss.item() # 统计损失
            if i % 100 == 0:
                running_loss /= 100 # 计算平均损失
                print (f"[Epoch: {epoch}/{epochs}] [Step: {i}/{len(trainloader)}] Loss: {running_loss:.4f}")
                running_loss = 0.

def main():
    model, optimizer, device, trainloader = load(lr=0.001, batch_size=128)
    train(
        model, device, trainloader, optimizer,
        kld_weight=1., epochs=10
    )
    torch.save(model.state_dict(), "./vae.pt") # 保存模型
    eval(model, device)

if __name__ == "__main__":
    main()
```

5.5.4 讨论

关于变分自编码还有很多课题可以讨论[5]。大概有很多读者会觉得 $q(\boldsymbol{z}|\boldsymbol{x};\varphi)$服从高斯分布的假设过于严苛，有一些基于规范流的 VAE 的版本[6]可以有效解决这一问题。当然，根据数据的特点，也可以假设 $q(\boldsymbol{z}|\boldsymbol{x};\varphi)$服从其他分布。对于 $p(\boldsymbol{x}|\boldsymbol{z};\theta)$，其分布的选择范围更为宽泛，常用的有伯努利分布、泊松分布等。这些都要视数据本身的分布特点而定。

参考文献

[1] NG A, JORDAN M, WEISS Y. On spectral clustering: analysis and an algorithm[C]. In Neural Information Processing Systems (NIPS), 2001.

[2] HARTIGAN J A, WONG M A. Algorithm AS 136: a K-means clustering algorithm[J]. Journal of the Royal Statistical Society. Series C (Applied Statistics), 1979, 28(1): 100-108.

[3] VASSILVITSKII S, ARTHUR D. K-means++: the advantages of careful seeding[C]. In ACM-SIAM Symposium on Discrete Algorithms (SODA), 2006.

[4] ACHANTA R, SHAJI A, SMITH K, et al. SLIC superpixels compared to state-of-the-art superpixel methods[J]. IEEE Transactions on Pattern Analysis and Machine Intelligence, 2012, 34(11): 2274-2282.

[5] KINGMA D P, WELLING M. Auto-encoding variational bayes[C]. In International Conference on Learning Representations (ICLR), 2014.

[6] REZENDE D, MOHAMED S. Variational inference with normalizing flow[C]. In International Conference on Machine Learning (ICML), 2015.

第6章 监督学习

监督学习(supervised learning)可以从数据的结构中获取一些有用的性质。与无监督学习不同的是,除了自带的特征以外,监督学习中的每个数据还有相应的目标或标签。这些目标或标签一般是人们根据数据的特征和需要提前确定的。模型在学习时需要结合这些目标或标签进行。例如,同样一组图片,人们既可以根据内容赋予标签,如动物、人物、风景,也可以根据风格赋予标签,如水彩、油画、素描,这些标签使得模型在分析学习同一组数据时的侧重点不一样。

6.1 朴素贝叶斯分类

首先我们给出一个简单的分类应用示例。假设一家超市搞促销活动,方案如下:消费100~1000元的消费者可以获得6次低级转盘的抽奖机会,消费1000~5000元的消费者可以获得6次中级转盘的抽奖机会,而消费5000元以上的消费者可以获得6次高级转盘的抽奖机会。每个转盘都有4种不同的奖品,分别为三等奖、二等奖、一等奖以及特等奖。用$\boldsymbol{x} \in \mathbb{R}^6$表示每个消费者6次抽奖的情况,标签$y$记录高级、中级、低级这三类消费等级(见表6-1)。对一个新的抽奖情况$\boldsymbol{x}$,我们希望根据已有的数据判断其对应的消费等级y,这就是一个分类问题。

表6-1 不同等级消费者的抽奖情况示例

y	$\boldsymbol{x}_1$	$\boldsymbol{x}_2$	$\boldsymbol{x}_3$	$\boldsymbol{x}_4$	$\boldsymbol{x}_5$	$\boldsymbol{x}_6$
中级	二等奖	二等奖	二等奖	二等奖	二等奖	二等奖
低级	二等奖	二等奖	二等奖	一等奖	二等奖	二等奖
中级	二等奖	一等奖	三等奖	二等奖	二等奖	二等奖
中级	一等奖	一等奖	二等奖	二等奖	三等奖	二等奖
低级	一等奖	二等奖	二等奖	一等奖	二等奖	二等奖
低级	二等奖	二等奖	二等奖	二等奖	三等奖	二等奖
高级	二等奖	一等奖	二等奖	二等奖	二等奖	特等奖

不失一般性，设给定的训练集为$\{\boldsymbol{x}_i, y_i\}_{i=1}^N$。为简单起见，设数据的每一个维度只能取有限个离散值，标签$y\in\{c_1, c_2, \cdots, c_K\}$，即数据共分$K$类。待判断的样本为$\boldsymbol{x}=(x_1, x_2, \cdots, x_d)^{\mathrm{T}}$。

首先，朴素贝叶斯分类需要用到经典的贝叶斯公式：

$$p(y=c_k|\boldsymbol{x})=\frac{p(\boldsymbol{x}|y=c_k)p(y=c_k)}{p(\boldsymbol{x})}\propto p(\boldsymbol{x}|y=c_k)p(y=c_k) \tag{6-1}$$

其次，还需要用到特征维度的条件独立性假设（“朴素”一词的来源），即

$$p(\boldsymbol{x}|y)=\prod_{i=1}^{d}p(x_i|y) \tag{6-2}$$

这一假设主要是为了降低问题的难度，方便计算。

对于一个新的样本$\boldsymbol{x}$，朴素贝叶斯分类的基本思想是根据所有的训练样本，计算出式(6-1)右侧表达式的值，从而得到样本$\boldsymbol{x}$属于不同类别的可能性，最终由得出的最大的可能性来确定样本的类别。

接下来，我们将分别从极大似然和贝叶斯估计这两个角度给出式(6-1)右侧表达式的计算方法。

6.1.1 基于极大似然的频率估计

首先，利用极大似然法（频率估计）可知

$$p(y=c_k)=\frac{\sum_{i=1}^{N}\mathbb{I}(y_i=c_k)}{N} \tag{6-3}$$

其中$\mathbb{I}$表示取值为1或0的指示函数。其次，对于任一个待判断样本$\boldsymbol{x}=(x_1, \cdots, x_d)^{\mathrm{T}}$，特征$x_j, \forall 1\leqslant j\leqslant d$，出现在第$k$类的可能性为

$$p(x_j, y=c_k)=\frac{\sum_{i=1}^{N}\mathbb{I}(\boldsymbol{x}_{i,j}=x_j, y_i=c_k)}{N} \tag{6-4}$$

由上述两式以及条件独立性[式(6-2)]可得

$$p(\boldsymbol{x}|y=c_k)=\prod_{j=1}^{d}p(x_j|y=c_k)=\prod_{j=1}^{d}\frac{\sum_{i=1}^{N}\mathbb{I}(\boldsymbol{x}_{i,j}=x_j, y_i=c_k)}{\sum_{i=1}^{N}\mathbb{I}(y_i=c_k)} \tag{6-5}$$

将式(6-3)和式(6-5)代入式(6-1)就可以利用已给训练样本的信息估计出样本$\boldsymbol{x}$属于每个类别的可能性，进而由得出的最大可能性判断样本所属类别。

6.1.2 基于贝叶斯估计的拉普拉斯平滑

注意：如果待判断样本$\boldsymbol{x}$的某个特征值x_j在训练数据中从来没有出现过，那么利用基

于极大似然的频率估计的方法就只能得到 $p(x_j, y=c_k)=0, \forall 1 \leqslant k \leqslant K$,最终导致 $p(\boldsymbol{x}|y=c_k)=0, \forall 1 \leqslant k \leqslant K$。也就是说,该样本属于任何一个类别的可能性都是 0,从而无法正确判断样本 $\boldsymbol{x}$ 的所属类别。而贝叶斯估计通过引入分布的先验估计,可以解决上述问题。

下面我们首先介绍一下贝叶斯估计的基本理论。不妨设某个分布的参数为 θ。贝叶斯学派认为,参数 θ 本身也是随机变量且满足分布 $\pi(\theta)$。此时当给定观测数据 $X=\{\boldsymbol{x}_i\}_{i=1}^N$ 时,利用条件概率公式可得

$$p(\theta|X)=\frac{p(X|\theta)\pi(\theta)}{p(X)} \tag{6-6}$$

于是参数 θ 可以由式(6-7)估计确定:

$$\theta_{\mathrm{MAP}}=\arg\max_{\theta} p(X|\theta)\pi(\theta) \tag{6-7}$$

上述估计称为参数 θ 的最大后验(maximum a posteriori,MAP)估计。与频率估计的不同之处在于,这里引入了参数的先验分布 $\pi(\theta)$,在此基础上再根据观测数据来调整参数 θ 的估计。

当 $\pi(\theta)$ 为均匀分布时,有

$$\theta_{\mathrm{MAP}}=\arg\max_{\theta} p(X|\theta)\pi(\theta)=\arg\max_{\theta} p(X|\theta) \tag{6-8}$$

此时最大后验估计退化为极大似然估计。

如果 $p(X|\theta)$ 是二项分布,其参数 θ 的先验分布通常服从贝塔分布。贝塔分布的密度函数为

$$\mathrm{Be}(\alpha,\beta)=\frac{\theta^{\alpha-1}(1-\theta)^{\beta-1}}{\int_0^1 z^{\alpha-1}(1-z)^{\beta-1}\mathrm{d}z}, \quad \theta\in[0,1], \quad \alpha,\beta>0 \tag{6-9}$$

如图 6-1 所示,Be(1,1)恰为[0,1]上的均匀分布。

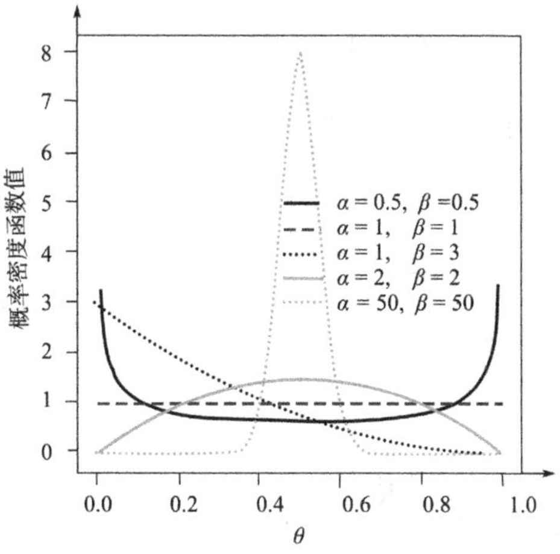

(a)Be(α,β)密度函数图

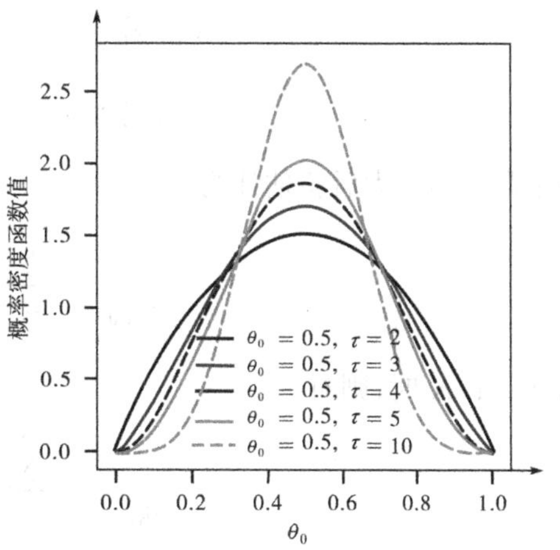

(b)Be(θ_0,τ)密度函数图

图 6-1 不同参数的贝塔分布密度函数图

当 $\alpha+\beta\neq2$ 时，对于 $\theta\sim\mathrm{Be}(\alpha,\beta)$，其均值和方差满足

$$\mathrm{E}[\theta]=\frac{\alpha}{\alpha+\beta},\quad \mathrm{Var}[\theta]=\frac{\alpha\beta}{(\alpha+\beta)^2(\alpha+\beta+1)} \tag{6-10}$$

贝塔分布的众数为

$$\frac{\alpha-1}{\alpha+\beta-2} \tag{6-11}$$

引入如下变量替换：

$$\theta_0=\frac{\alpha-1}{\alpha+\beta-2},\quad \tau=\alpha+\beta-2 \tag{6-12}$$

根据式(6-10)可知，τ 越大，θ 的方差越小，θ 的集中度越高。因为

$$\alpha=\tau\theta_0+1,\quad \beta=\tau(1-\theta_0)+1 \tag{6-13}$$

进行积分变换后可得贝塔分布的另一种表达形式：

$$\mathrm{Be}(\theta_0,\tau)=\frac{\theta^{\tau\theta_0}(1-\theta)^{\tau(1-\theta_0)}}{\int_0^1 z^{\tau\theta_0}(1-z)^{\tau(1-\theta_0)}\mathrm{d}z} \tag{6-14}$$

该形式强调众数 θ_0 和平滑度 τ。图 6-1(b)给出的不同参数的 $\mathrm{Be}(\theta_0,\tau)$ 密度函数图很好地验证了这一点。

接下来我们考虑分类问题中的最大后验估计。我们首先以标签 y 为例。记 $P(y=c_k)=\theta$，显然 $P(y\neq c_k)=1-\theta$。设 θ 满足贝塔分布 $\mathrm{Be}(\theta_0,\tau)$，其中 θ_0 为分布的众数。一般地，如果 y 有 K 个取值，可以认为 $\theta_0=1/K$。

若给定 $\{y_i\}_{i=1}^N$，根据式(6-7)可知 θ 的后验分布为

$$\begin{aligned} p(\theta|Y) &\propto \prod_{i=1}^N \theta^{\mathbb{I}(y_i=c_k)}(1-\theta)^{\mathbb{I}(y_i\neq c_k)}\mathrm{Be}(\theta_0,\tau) \\ &\propto \theta^{\sum_{i=1}^N \mathbb{I}(y_i=c_k)}(1-\theta)^{\sum_{i=1}^N \mathbb{I}(y_i\neq c_k)}\theta^{\tau\theta_0}(1-\theta)^{\tau(1-\theta_0)} \\ &= \theta^{\sum_{i=1}^N \mathbb{I}(y_i=c_k)+\tau\theta_0}(1-\theta)^{\sum_{i=1}^N \mathbb{I}(y_i\neq c_k)+\tau(1-\theta_0)} \end{aligned} \tag{6-15}$$

故参数 θ 的最大后验估计为

$$\theta_{\mathrm{MAP}}=\frac{\sum_{i=1}^N \mathbb{I}(y_i=c_k)+\tau\theta_0}{N+\tau} \tag{6-16}$$

当 $\theta_0=1/K$ 时，则有

$$\theta_{\mathrm{MAP}}=\frac{\sum_{i=1}^N \mathbb{I}(y_i=c_k)+\tau\frac{1}{K}}{N+\tau} \tag{6-17}$$

当我们将 τ 视为一个超参数时，可以令 $\tau=K\tau$，于是可得到经典的拉普拉斯平滑估计：

$$p(y=c_k)=\frac{\sum_{i=1}^{N}\mathbb{I}(y_i=c_k)+\tau}{N+\tau K} \tag{6-18}$$

对于标签 y 的概率 $p(y=c_k)$，我们推导了它的拉普拉斯平滑估计。同理，对于每个特征维度的条件概率 $p(x_j|y=c_k)$，也有类似的拉普拉斯平滑估计：

$$p(x_j\mid y=c_k)=\frac{\sum_{i=1}^{N}\mathbb{I}(x_{i,j}=x_j,y_i=c_k)+\tau}{\sum_{i=1}^{N}\mathbb{I}(y_i=c_k)+\tau\mid x_j\mid} \tag{6-19}$$

其中 $|x_j|$ 表示第 j 个特征的取值数量。

至此，我们在贝叶斯估计的基础上推出了 $p(y=c_k)$ 和 $p(x_j|y=c_k)$ 带有拉普拉斯平滑的计算公式，读者需要注意与频率估计[式(6-3)和式(6-4)]进行区分。

有了概率 $p(y=c_k)$ 和条件概率 $p(x_j|y=c_k)$ 的计算方法，我们便可以利用贝叶斯公式

$$p(y=c_k\mid \boldsymbol{x})\propto\prod_j p(x_j|y=c_k)p(y=c_k),\quad 1\leqslant k\leqslant K \tag{6-20}$$

估计样本 $\boldsymbol{x}$ 的所属类别了。

我们仍以表 6-1 为例，对于生成的 10 000 个样本，分别利用极大似然估计和贝叶斯估计计算概率，以此来进行样本判别。读者可以自行更改一些超参数，以更好地理解这两类估计方法。

极大似然估计和贝叶斯估计分类的示例代码如下：

```

from typing import Iterable,Dict
import numpy as np
import pandas as pd
import random


class Bayes:

    def __init__(
        self,nums:int=1000,d:int=6
    )-> None:
        """
        Args:
            nums:样本数
            d:维度
        """
        self.marginal=(0.3,0.6,0.1)
```

```
        self.conditional={
            'low ':(0.1,0.79,0.1,0.01),
            'middle ':(0.1,0.68,0.2,0.02),
            'high ':(0.01,0.65,0.29,0.05)
        }
        self.levels=( 'low ','middle ','high ')
        self.prizes=('三等奖','二等奖','一等奖','特等奖')
        self.d=d
        # 生成数据
        self.generate_data(nums)

    def generate_data(self,nums:int=1000)-> None:
        users=random.choices(self.levels,self.marginal,k=nums)
        data=[random.choices(self.prizes,self.conditional[user],k=self.d) for user in users]
        self.data=pd.DataFrame (data,columns=['X '+ str(i) for i in range(self.d)])
        self.data ['Y ']=users

    # 极大似然估计
    def ml(self):
        marginal=np.array([(self.data ['Y ']==level).sum() for level in self.levels])
        marginal=marginal / np.sum(marginal)
        conditional=dict() # 每一个消费等级,每一个维度都有一个条件概率分布
        for level in self.levels:
            conditional[level]=dict()
            item=self.data [self.data ['Y ']==level] # Y==c_k
            for i in range(self.d):
                probs=np.array([(item['X '+ str(i)]==prize).sum() for prize in self.prizes])
                conditional[level]['X '+ str(i)]=probs / np.sum(probs)
        return marginal,conditional

    # 贝叶斯估计 (最大后验估计)
```

```
    def map(self,tau:int=1):
        '''最大后验估计较前者仅相差一个平滑系数而已

        Args:
          tau:平滑系数,默认为 1
        '''
        marginal=np.array([(self.data['Y']==level).sum() for level in self.levels])
        marginal=(marginal+tau) / (np.sum(marginal)+tau * len(self.levels))
        conditional=dict()
        for level in self.levels:
          conditional[level]=dict()
          item=self.data[self.data['Y']==level]
          for i in range(self.d):
            probs=np.array([(item['X'+ str(i)]==prize).sum() for prize in self.prizes])
            conditional[level]['X'+str(i)]=(probs+tau) / (np.sum(probs)+tau * len(self.prizes))
        return marginal,conditional

    def classify(self,x:Iterable[str],marginal:Iterable[float],conditional:Dict)->str:
        '''
        Args:
          x:单个样本
          marginal:估计的边缘分布
          conditional:估计的条件分布
        '''
        assert len(x)==self.d,"Invalid sample..."
        posterior=[]
        index_={prize:i for i,prize in enumerate(self.prizes)}
        for i,level in enumerate(self.levels):
          cond_=conditional[level]
          marg_=marginal[i]
          cum_=1.
          for j in range(self.d):
```

```
                cum_ *=cond_['X'+str(j)][index_[x[j]]]
            posterior.append(cum_*marg_)
        pred_level=self.levels[np.argmax(posterior)]
        print(f"样本{x的消费等级为}{pred_level}...")


def main():

    test=Bayes(nums=10000) # 生成 10000 个样本
    ml_=test.ml()
    map_=test.map(tau=1)

    print(f"真实概率(..):{test.marginal}")
    print(f"预测概率(ML):{ml_[0]}")
    print(f"预测概率(MAP):{map_[0]}")

    x1=('三等奖',) * test.d
    x2=('特等奖',) * test.d
    test.classify(x1, *ml_)
    test.classify(x2, *ml_)
    test.classify(x1, *map_)
    test.classify(x2, *map_)

if __name__=="__main__":

    main()
```

6.1.3 讨论

关于贝叶斯估计的部分，大部分教材只简单提及了拉普拉斯平滑的应用但未涉及其推导过程。本章强调了拉普拉斯平滑实际上源于参数的先验信息服从贝塔分布这一假设，这些内容与贝叶斯统计息息相关，读者可以参考相关文献。

6.2 感知器

设训练集$\{(\boldsymbol{x}_i, y_i)\}_{i=1}^N \in \mathbb{R}^d \times \{\pm 1\}$是线性可分的，即存在超平面可以将两类数据严格分开(见图 6-2)，当然在这里超平面是不唯一的。

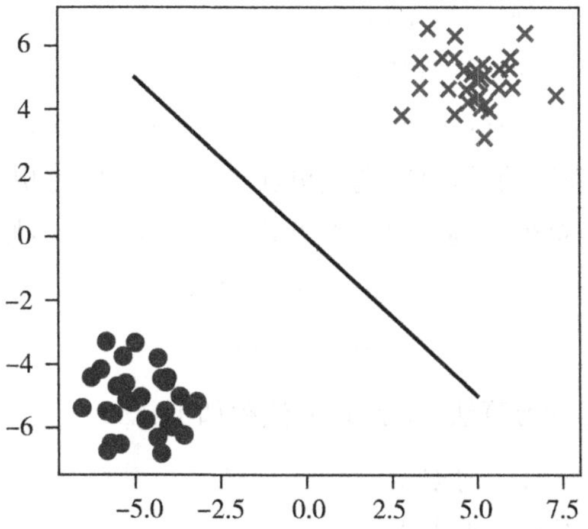

图 6-2 训练集为线性可分的情形

设超平面为$\boldsymbol{w}^{\mathrm{T}}\boldsymbol{x}+b$，其中$\boldsymbol{w}, b$是待求参数，则存在和超平面有关的分类器$f(\boldsymbol{x})$，它对于同一组样本有着相同的标签输出，即

$$y_i f(\boldsymbol{x}_i) > 0, \quad \forall i=1,2,\cdots,N \tag{6-21}$$

在感知器算法中，分类器的定义是

$$f(\boldsymbol{x}) = \operatorname{sign}(\boldsymbol{w}^{\mathrm{T}}\boldsymbol{x}+b), \quad \boldsymbol{w} \in \mathbb{R}^d, b \in \mathbb{R} \tag{6-22}$$

其中

$$\operatorname{sign}(z) = \begin{cases} +1, & z \geqslant 0, \\ -1, & z < 0 \end{cases} \tag{6-23}$$

为符号函数。注意：符号函数可以看成是一种特殊的激活函数。

为了使得分类尽量准确，误分样本尽可能地少，感知器最小化损失函数如下：

$$\mathcal{L}(\boldsymbol{w}, b) = -\sum_{i \in M} y_i(\boldsymbol{w}^{\mathrm{T}}\boldsymbol{x}_i+b) \tag{6-24}$$

其中

$$M := \{i \mid f(\boldsymbol{x}_i) \neq y_i, \quad i=1,2,\cdots,N\} \tag{6-25}$$

表示错分样本的集合。上述优化目标中，每个分错的样本带来的损失是$-y_i(\boldsymbol{w}^{\mathrm{T}}\boldsymbol{x}_i+b)$，显然损失函数$\mathcal{L}$是非负的，当且仅当所有样本点均被正确分类时损失为 0，达到最小。

6.2.1 感知器学习算法

感知器的损失函数$\mathcal{L}$关于参数 w,b 是连续可微的，由此可以通过梯度下降方法来求解。因为

$$\nabla_w \mathcal{L} = -\sum_{i\in M} y_i \boldsymbol{x}_i, \quad \nabla_b \mathcal{L} = -\sum_{i\in M} y_i \tag{6-26}$$

于是

$$\begin{cases} \boldsymbol{w} \leftarrow \boldsymbol{w} - \alpha \nabla_w \mathcal{L} \\ b \leftarrow b - \alpha \nabla_b \mathcal{L} \\ \{i \mid y_i f(\boldsymbol{x}_i) < 0, \quad i=1,2,\cdots,N\} \to M \end{cases} \tag{6-27}$$

其中 α 为学习率。需要强调的是，每次迭代更新参数后，一定要更新错分样本集合。样本数量很大时，也可以采取随机梯度逐一更新的方式：若 $y_i f(\boldsymbol{x}_i) < 0$，则

$$\begin{cases} \boldsymbol{w} \leftarrow \boldsymbol{w} + \alpha y_i \boldsymbol{x}_i \\ b \leftarrow b + \alpha y_i \end{cases} \tag{6-28}$$

整体更新时，感知器学习算法(算法 1)的流程如下：

输入：样本$\{(\boldsymbol{x}_i, y_i)\}_{i=1}^N$，学习率 α。
1. 初始化参数 $\boldsymbol{w}$,b，误分样本集 M；
2. while $M \neq \varnothing$ do
3. 　　更新参数：

$$\boldsymbol{w} \leftarrow \boldsymbol{w} - \alpha \nabla_w \mathcal{L}$$
$$b \leftarrow b - \alpha \nabla_b \mathcal{L}$$

4. 　　更新误分样本集：

$$\{i \mid f(\boldsymbol{x}_i) \neq y_i, \quad i=1,2,\cdots,N\} \to M$$

输出：分类器 $f(\boldsymbol{x})$。

逐个更新时，感知器学习算法(算法 2)的流程如下：

输入：样本$\{(\boldsymbol{x}_i, y_i)\}_{i=1}^N$，学习率 α。
1. 初始化参数 $\boldsymbol{w}$,b；
2. while $M \neq \varnothing$ do
3. 　　for $i=1,2,\cdots,N$ do
4. 　　　if $y_i f(\boldsymbol{x}_i) < 0$ then
5. 　　　　更新参数：

$$\boldsymbol{w} \leftarrow \boldsymbol{w} + \alpha y_i \boldsymbol{x}_i$$
$$b \leftarrow b + \alpha y_i$$

输出：分类器 $f(\boldsymbol{x})$。

6.2.2　收敛性分析

针对算法 1 我们给出其收敛性分析。设数据是线性可分的，为了简化表达，引入增广向量 $\boldsymbol{x}=(\boldsymbol{x}^{\mathrm{T}},1)^{\mathrm{T}}$，$\boldsymbol{w}=(\boldsymbol{w}^{\mathrm{T}},b)^{\mathrm{T}}$，此时 $f(\boldsymbol{x})=\boldsymbol{w}^{\mathrm{T}}\boldsymbol{x}$。

不妨设 $\boldsymbol{w}^*$ 为一可行解，容易发现任意的 $\rho\boldsymbol{w}^*(\rho>0)$ 亦为可行解。若第 t 次更新后的近似解为 $\boldsymbol{w}(t)=(\boldsymbol{w}(t),b(t))$，则根据梯度下降迭代公式(6-27)可知

$$\boldsymbol{w}(t+1)-\rho\boldsymbol{w}^*=\boldsymbol{w}(t)-\rho\boldsymbol{w}^*-\alpha(t)\nabla_{\boldsymbol{w}}\mathcal{L} \tag{6-29}$$

于是

$$\begin{aligned}
&\|\boldsymbol{w}(t+1)-\rho\boldsymbol{w}^*\|_2^2\\
=&\|\boldsymbol{w}(t)-\rho\boldsymbol{w}^*-\alpha(t)\nabla_{\boldsymbol{w}}\mathcal{L}\|_2^2\\
=&\|\boldsymbol{w}(t)-\rho\boldsymbol{w}^*\|_2^2+\|\alpha(t)\nabla_{\boldsymbol{w}}\mathcal{L}\|_2^2-2\alpha(t)[\boldsymbol{w}(t)-\rho\boldsymbol{w}^*]^{\mathrm{T}}\nabla_{\boldsymbol{w}}\mathcal{L}\\
=&\|\boldsymbol{w}(t)-\rho\boldsymbol{w}^*\|_2^2+\alpha^2(t)\|\nabla_{\boldsymbol{w}}\mathcal{L}\|_2^2+2\alpha(t)[\boldsymbol{w}(t)-\rho\boldsymbol{w}^*]^{\mathrm{T}}\sum_{i\in M(t)}y_i\boldsymbol{x}_i\\
\leqslant&\|\boldsymbol{w}(t)-\rho\boldsymbol{w}^*\|_2^2+\alpha^2(t)\|\nabla_{\boldsymbol{w}}\mathcal{L}\|_2^2-2\alpha(t)\rho\boldsymbol{w}^{*\mathrm{T}}\sum_{i\in M(t)}y_i\boldsymbol{x}_i
\end{aligned}$$

令所有被误判样本的 $y_i\boldsymbol{x}_i$ 和的最大模为

$$\beta:=\max_M\|\sum_{i\in M}y_i\boldsymbol{x}_i\|_2 \tag{6-30}$$

对于所有非空集合 M，记 $-y_i\boldsymbol{w}^{*\mathrm{T}}\boldsymbol{x}_i$ 和的最大值为

$$\gamma:=\max_{M\neq\varnothing}-\sum_{i\in M}y_i\boldsymbol{w}^{*\mathrm{T}}\boldsymbol{x}_i\leqslant 0 \tag{6-31}$$

因为 β,γ 均与迭代 t 无关，所以当 $M(t)\neq\varnothing$ 时，如果取 $\rho:=\dfrac{\beta^2}{2|\gamma|}$，则有如下估计：

$$\begin{aligned}
&\|\boldsymbol{w}(t+1)-\rho\boldsymbol{w}^*\|_2^2\\
\leqslant&\|\boldsymbol{w}(t)-\rho\boldsymbol{w}^*\|_2^2+\alpha(t)^2\beta^2+2\alpha(t)\rho\gamma\\
\leqslant&\|\boldsymbol{w}(t)-\rho\boldsymbol{w}^*\|_2^2+\beta^2[\alpha(t)^2-\alpha(t)]\\
\leqslant&\|\boldsymbol{w}(0)-\rho\boldsymbol{w}^*\|_2^2+\beta^2\sum_{k=0}^{t}[\alpha(k)^2-\alpha(k)]
\end{aligned} \tag{6-32}$$

如果学习率满足

$$\lim_{t\to+\infty}\sum_{k=0}^{t}[\alpha(k)^2-\alpha(k)]=-\infty \tag{6-33}$$

则 $\boldsymbol{w}$ 必然收敛于可行解。

需要补充说明的一点是，上述性质并不表示 $\boldsymbol{w}$ 一定会收敛到 $\boldsymbol{w}^*$，因为上面的收敛需要满足 $M(k)\neq\varnothing,\forall k=0,1,\cdots$ 这个条件，而实际计算中，一旦某误分样本下标的集合 $M(k)=\varnothing$，$\boldsymbol{w}$ 就不再更新了。

下面我们以统计学习方法（见参考文献[1]）中的例子为例进行收敛性分析：已知 $\boldsymbol{x}_1=(3,3)^{\mathrm{T}}$，$\boldsymbol{x}_2=(4,3)^{\mathrm{T}}$ 为正样本，$\boldsymbol{x}_3=(1,1)^{\mathrm{T}}$ 为负样本，固定学习率 $\alpha=1$，分别用算法 1 和算法 2 进行更新。部分结果如图 6-3 和图 6-4 所示。读者不妨尝试改变样本数量和学习率以加深对感知器的理解。

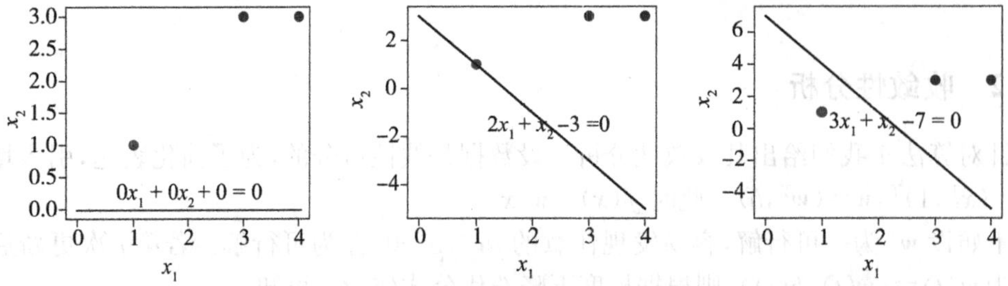

(a)初始　(b)第 5 次更新　(c)最终收敛情况

图 6-3　所有样本一起用于更新的结果

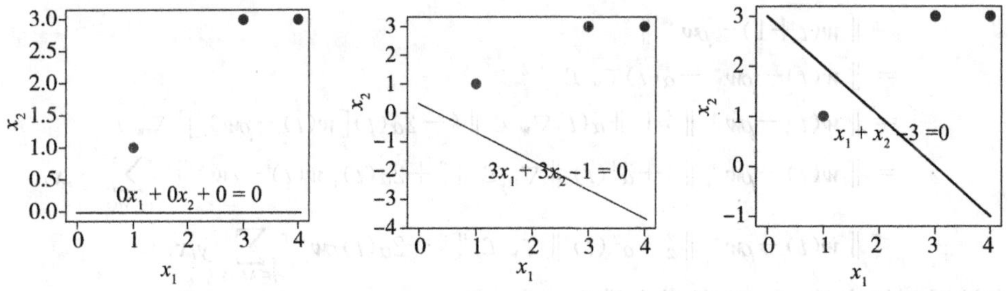

(a)初始　(b)第 5 次更新　(c)最终收敛情况

图 6-4　逐个样本一起用于更新的结果

感知器学习算法的示例代码如下：

```
import numpy as np


class Perceptron:
    def __init__(self)-> None:

        self.x=np.array([
            [3.,3],[4,3],[1,1]
        ])
        self.y=np.array([1.,1,-1])

        self.reset() # 零值初始化

    def reset(self):
        self.w=np.array([0.,0.])
```

```
17          self. b=np. array(0. )
18
19     def train_all(self,stepsize:float=1. ):
20          M=np. sign(self. x @ self. w+self. b) ! =self. y  # 误判样本集合
21          while M. any(): # 如果存在误判样本,进行下面的更新
22              self. w +=stepsize * np. sum(self. y[M][:,None] * self. x[M],axis=0)
23              self. b +=stepsize * np. sum(self. y[M])
24              M=np. sign(self. x @ self. w+self. b)! =self. y
25
26
27     def train_each(self,stepsize:float=1):
28          M=np. sign(self. x @ self. w+self. b) ! =self. y
29          while M. any():
30              for x,y in zip(self. x,self. y): # 对每一个样本进行
31                  if np. sign(self. w @ x+self. b) ! =y: # 判断和更新
32                      self. w +=stepsize * y * x
33                      self. b +=stepsize * y
34                  M=np. sign(self. x @ self. w+self. b) ! =self. y
35
36
37 def main():
38     test=Perceptron()
39     test. train_all(stepsize=1)
40     print(f"批训练的最后结果为:{test. w[0]}x1+{test. w[1]}x2+{test. b}")
41     test. reset()
42     test. train_each(stepsize=1)
43     print(f"单样本训练的最后结果为:{test. w[0]}x1+{test. w[1]}x2+{test. b}")
44
45
46 if _ _name_ _=="_ _main_ _":
47     main()
```

6.2.3 多分类情形

对于具有 $K(K>2)$类,且两两线性可分的数据,每个样本的标签不再用标量表示,而是用一个单位向量 $\boldsymbol{y}\in\mathbb{R}^K$ 表示。该向量中只有样本所属类的位置为 1,其余为 0。例如,$\boldsymbol{y}=(1,0,\cdots,0)^{\mathrm{T}}$表示对应的样本为第一类。此时可以将数据 $\boldsymbol{x}$ 通过

$$f(\boldsymbol{x})=\mathrm{softmax}(\boldsymbol{Wx}+\boldsymbol{b})\in\mathbb{R}^K \tag{6-34}$$

映射到一个 K 维的概率向量,其中 $\boldsymbol{W}\in\mathbb{R}^{K\times d}$,$\boldsymbol{b}\in\mathbb{R}^K$。这里

$$[\mathrm{softmax}(\boldsymbol{z})]_i=\frac{\exp(z_i)}{\sum_{k=1}^{K}\exp(z_k)} \tag{6-35}$$

是将向量 $\boldsymbol{z}$ 转换为概率向量的激活函数,相当于感知器中的符号函数。

对于线性多分类问题,可通过交叉熵定义如下分类损失函数:

$$\mathcal{L}(\boldsymbol{W},\boldsymbol{b})=-\sum_{i=1}^{N}\boldsymbol{y}_i\cdot\log f(\boldsymbol{x}_i) \tag{6-36}$$

在实际应用中,数据往往不具有很好的可分性,一般需要先对其进行适当的特征压缩和提取。分类器结合神经网络是目前主流的分类方法,这部分内容将在本章的最后一节介绍。

6.2.4 讨论

虽然感知器算法是收敛的,但在实际情况中,其在最后阶段的振荡尤为明显,这提醒我们仅仅收敛到可行解是不够的。下一节介绍的支持向量机中更具体地描绘了一种理想的解。

6.3 支持向量机

支持向量机(support vector machines,SVM)是一种强大的分类模型,无论是从理论上,还是从实际使用效果上说,它都具有非常优异的性质。支持向量机目前已成为继神经网络之后机器学习领域中新的研究热点。SVM 算法具有很好的数学背景,我们既可以从最根本的优化问题入手,通过对偶形式去把握它,也可以从几何原理出发去理解它。虽然 SVM 算法的性质,如解的唯一性、存在性、收敛性、泛化性等都已经被深入研究,但是其中涉及的许多思想仍然对数据分析或机器学习方法的研究具有重要的启发意义。

6.3.1 间隔最大化

由前文介绍可知,感知器算法中的可行解不是唯一的,而且从过拟合的角度而言,感知器的解并不可靠,且泛化性并不好。那么,什么样的解是可靠的呢?支持向量机给出的答案

如图 6-5 所示，其中(a)更符合我们直观认为的最佳分隔。

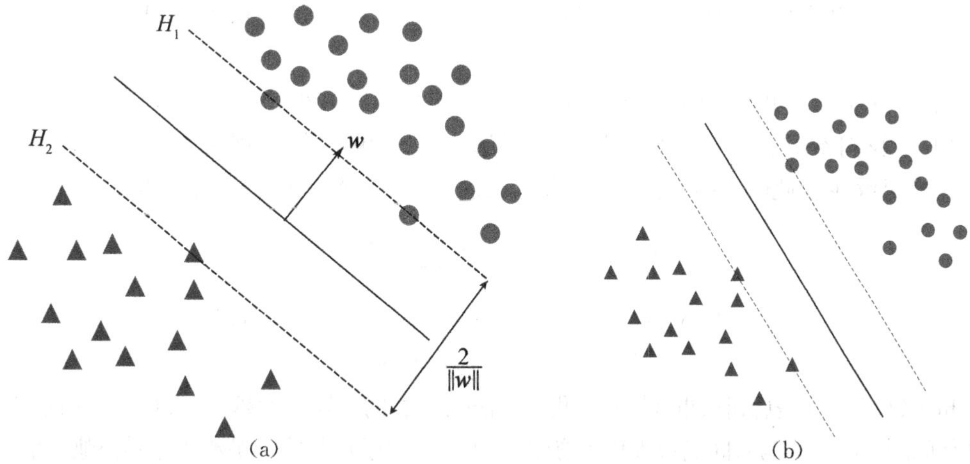

图 6-5 最大化几何间隔示意图

从直观上讲，SVM 认为一个可靠的解应当使得两类样本与分类超平面的几何间隔 γ 最大。也就是我们希望分类平面的参数能够满足

$$\begin{gathered}\max_{w,b} \gamma \\ \text{s. t.} \quad y_i(\boldsymbol{w}^{\mathrm{T}}\boldsymbol{x}_i+b)\geqslant\gamma,\ i=1,2,\cdots,N\end{gathered} \tag{6-37}$$

注意到对于可行解$(\boldsymbol{w},b)$，任给常数 $\alpha\neq0$，$(\alpha\boldsymbol{w},\alpha b)$是同一可行解。故上述优化问题等价于

$$\begin{gathered}\max_{w,b} \alpha\gamma \\ \text{s. t.} \quad y_i\left(\frac{\boldsymbol{w}^{\mathrm{T}}\boldsymbol{x}_i+b}{\alpha\,\|\boldsymbol{w}\|}\right)\geqslant\gamma, \quad i=1,2,\cdots,N\end{gathered} \tag{6-38}$$

取常数 α 满足 $\alpha\gamma\,\|\boldsymbol{w}\|=1$，则上述优化问题等价于

$$\begin{gathered}\min_{w,b} \frac{1}{2}\,\|\boldsymbol{w}\|^2 \\ \text{s. t.} \quad y_i(\boldsymbol{w}^{\mathrm{T}}\boldsymbol{x}_i+b)\geqslant1, \quad i=1,2,\cdots,N\end{gathered} \tag{6-39}$$

该问题的解便是如图 6-5 所示的情况。图中的两个支撑界面 H_1，H_2 的表达式分别为

$$\begin{gathered}H_1:\boldsymbol{w}^{\mathrm{T}}\boldsymbol{x}+b=1 \\ H_2:\boldsymbol{w}^{\mathrm{T}}\boldsymbol{x}+b=-1\end{gathered} \tag{6-40}$$

位于这两个界面上的点，通常被称为“支持向量”，这也是支持向量机名字的由来。想对 SVM 进一步深入了解的读者可以查阅相关文献[1,2]。

6.3.2 软间隔与非线性可分

前面提及的算法都是在两类数据严格线性可分的情况下推导的，但是在实际任务中，绝大多数的数据并不是严格线性可分的。如果仅有少量数据线性不可分，则可以利用改进的SVM算法来进行分类。

具体而言，我们对每个样本$(\boldsymbol{x}_i, y_i)$引入一个松弛变量$\xi_i \geqslant 0$，用于放松式(6-39)中的硬性条件：

$$y_i(\boldsymbol{w}^{\mathrm{T}}\boldsymbol{x}_i + b) \geqslant 1 - \xi_i \tag{6-41}$$

直观而言，这里的ξ_i度量的是样本越过相应的支撑界面的大小。

现在，我们希望$\|\boldsymbol{w}\|^2$和松弛量ξ_i均足够小，即要求间隔足够大并且不在支撑界面两侧的样本足够少。此时，该目标对应的数学表达是如下的软间隔最大化问题：

$$\begin{aligned} &\min_{\boldsymbol{w},b} \frac{1}{2}\|\boldsymbol{w}\|^2 + C\sum_{i=1}^{N}\xi_i \\ &\text{s.t.}\ \ y_i(\boldsymbol{w}^{\mathrm{T}}\boldsymbol{x}_i + b) \geqslant 1 - \xi_i, \quad i = 1,2,\cdots,N \\ &\qquad \xi_i \geqslant 0, \quad i = 1,2,\cdots,N \end{aligned} \tag{6-42}$$

其中超参数$C > 0$是惩罚权重，C越大，我们对松弛量ξ_i的惩罚力度越大，当$C = +\infty$时，退化成硬几何间隔。图6-6为软间隔最大化示意图，仅H_1，H_2"内"的样本会被给予非零松弛变量ξ_i。

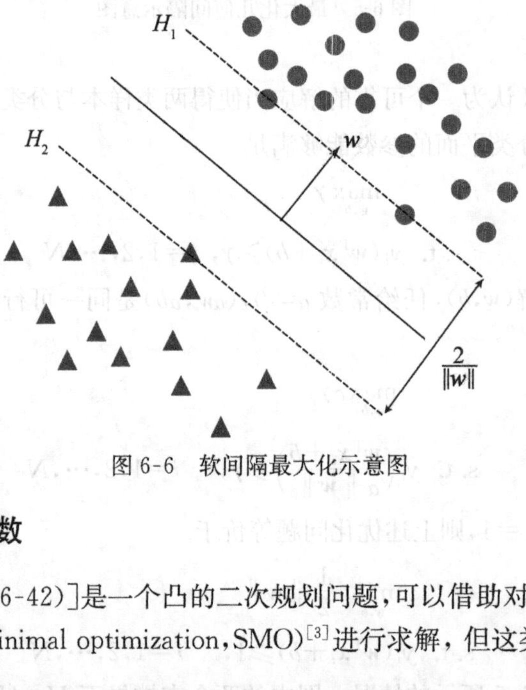

图6-6 软间隔最大化示意图

6.3.3 合页损失函数

尽管优化目标[式(6-42)]是一个凸的二次规划问题，可以借助对偶形式，引入序列最小优化算法(sequential minimal optimization，SMO)[3]进行求解，但这类算法求解过程非常烦琐且效率较低。

一个简单易行的解法是利用合页损失函数，将上述带不等式约束的优化问题转化为一个等价的非约束优化目标，然后采用梯度下降法迭代求解。

定义如下损失函数：

$$\mathcal{L}(\boldsymbol{w},b) = \sum_{i=1}^{N}[1 - y_i(\boldsymbol{w}^{\mathrm{T}}\boldsymbol{x} + b)]_+ + \lambda\|\boldsymbol{w}\|^2 \tag{6-43}$$

其中

$$[z]_+ = \max(0, z) \tag{6-44}$$

称为"合页损失函数"，$\lambda > 0$是超参数，$\lambda\|\boldsymbol{w}\|^2$是关于$\boldsymbol{w}$的一个正则化项。

接下来我们证明，最小化[式(6-43)]问题和软间隔优化[式(6-42)]问题是等价的。记

$$\xi_i=[1-y_i(\boldsymbol{w}^{\mathrm{T}}\boldsymbol{x}_i+b)]_+ \tag{6-45}$$

根据合页损失函数的定义，显然 $\xi_i\geqslant0$，且

$$\xi_i\geqslant1-y_i(\boldsymbol{w}^{\mathrm{T}}\boldsymbol{x}_i+b)\Leftrightarrow y_i(\boldsymbol{w}^{\mathrm{T}}\boldsymbol{x}_i+b)\geqslant1-\xi_i \tag{6-46}$$

由此可知式(6-43)的解是满足式(6-42)的不等式约束条件的。

令超参数 $\lambda=\dfrac{1}{2C}$，则最小化式(6-43)相当于

$$\min_{\boldsymbol{w},b}\frac{1}{C}\left(\frac{1}{2}\|\boldsymbol{w}\|^2+C\sum_{i=1}^{N}\xi_i\right) \tag{6-47}$$

等价于原软间隔优化目标。反之，通过类似的变换，我们可以将软间隔优化目标转换为合页损失形式，因此二者是等价的。

从上面的推导过程我们也可以看出，合页损失中的正则项权重 λ 和软间隔优化中的惩罚权重 C 是成反比的，故 λ 越大，允许的松弛量就越大，这对于我们在实际编程时选择恰当的超参数具有指导意义。

接下来，我们只需计算出式(6-43)的梯度，便可利用梯度下降法求解其对应的最小化问题：

$$\nabla_{\boldsymbol{w}}\mathcal{L}=2\lambda\boldsymbol{w}-\sum_{i\in M}y_i\boldsymbol{x}_i,\quad \nabla_b\mathcal{L}=-\sum_{i\in M}y_i \tag{6-48}$$

和感知器不同，$M=\{i\mid y_i(\boldsymbol{w}^{\mathrm{T}}\boldsymbol{x}_i+b)<1,\ 1\leqslant i\leqslant N\}$ 包含的不仅有错分样本，还有几何间隔不足的样本。此外，由于此时的梯度部分含有来自正则化项的 $\boldsymbol{w}$，这会使得训练更加稳定，而不似感知器一样频繁振荡。

基于合页损失函数的 SVM 学习算法(算法 3)的流程如下：

输入：样本 $\{(\boldsymbol{x}_i,y_i)\}_{i=1}^{N}$，学习率 α，正则化参数 λ。

1. 初始化参数 $\boldsymbol{w}$，b，不可靠样本集 M；
2. while 未满足收敛条件 do
3. 　　更新参数：

$$\boldsymbol{w}\leftarrow(1-2\alpha\lambda)\boldsymbol{w}+\alpha\sum_{i\in M}y_i\boldsymbol{x}_i$$

$$b\leftarrow b+\alpha\sum_{i\in M}y_i$$

4. 　　更新不可靠样本集：

$$M=\{i\mid y_i(\boldsymbol{w}^{\mathrm{T}}\boldsymbol{x}_i+b)<1\}$$

输出：分类器 $f(\boldsymbol{x})$。

6.3.4 示例

我们首先以感知器中的线性可分数据为例。图 6-7 展示了正则化参数 $\lambda=0.1$，梯度下降学习率 $\alpha=0.1$ 时，基于合页损失的 SVM 进行 50 次迭代的情况。可以发现，SVM 能够较为稳定地逐步靠近理想中的点。

接着，我们生成正类、负类各 100 个点，二类样本分别服从 $N(4,9)$，$N(-4,-9)$，结果

如图 6-8 所示。虽然数据是非线性可分的，较小的 λ 依然能够给出可靠的解，但是过大的 λ（即对松弛量过于宽松）会导致非常离谱的解，这说明 SVM 的超参数的选择是极为重要的。读者可以自行改变数据和超参数来获得对 SVM 更深的理解。

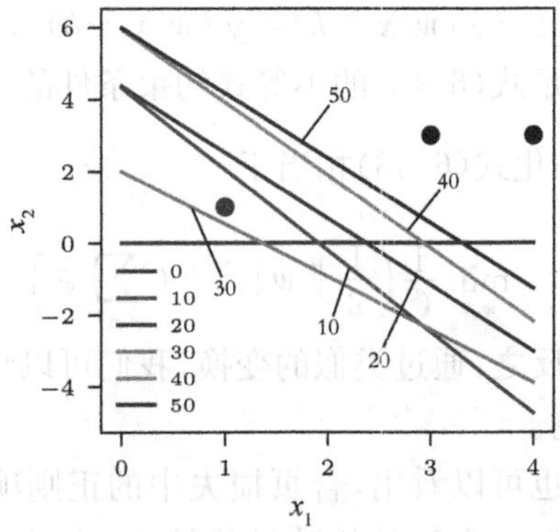

图 6-7 SVM 分类平面逐渐最大化几何间隔的过程

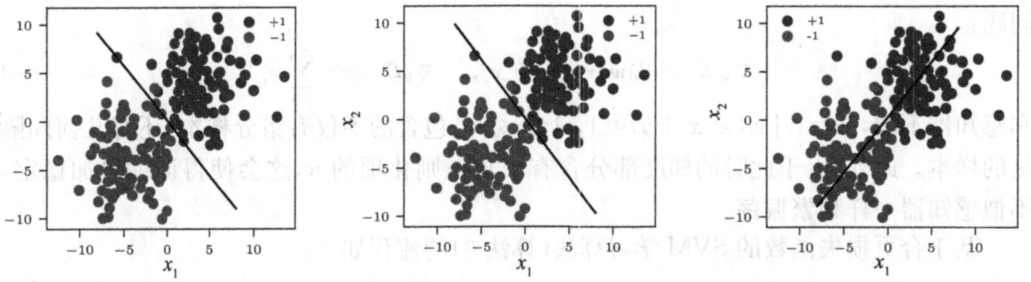

(a)λ=0.1　(b)λ=1　(c)λ=5

图 6-8 合页损失中正则化系数 λ 对结果的影响

SVM 算法的示例代码如下：

```


import numpy as np
import matplotlib. pyplot as plt

class SVM:
    def _ _init_ _(self)-> None:

        self. x=np. array([
            [3. ,3],[4,3],[1,1]
        ])
        self. y=np. array([1. ,1,−1])

```

```
        self.reset() # 零值初始化
    def reset(self):
        self.w=np.array([0.,0.])
        self.b=np.array(0.)

    def generate(
        self,mu1:float=4.,mu2:float=-4,
        sigma:float=1,n:int=200
    ):
        '''该函数用于生成一些更为复杂的数据

        Args:
          mu1:正类的均值;
          mu2:负类的均值;
          sigma:标准差;
          n:总的样本数
        '''
        np.random.seed(10086) # 确保可复现性
        self.x=np.random.randn(n,2) * sigma
        self.x[:n//2] +=mu1
        self.x[n//2:] +=mu2
        self.y=np.ones((n,))
        self.y[n//2:] *=-1

    # 计算分类超平面
    def f(self,x):
        w0=self.w[0]
        w1=self.w[1]+1e-20 # 避免除以 0
        return-w0 / w1 * x-self.b / w1

    def train(self,stepsize:float=.1,lam_:float=0.1,T:int=100):
        '''
        Args:
          stepsize:步长
          lam:惩罚系数
          T:总的迭代次数
```

```
        '''
        M=(self.x @ self.w+self.b) * self.y<1 # 不可靠样本集合
        for t in range(1,T+1):
            self.w=(1-2 * stepsize * lam_) * self.w+\
                    stepsize * np.sum(self.y[M][:,None] * self.x[M],axis=0)
            self.b +=stepsize * np.sum(self.y[M])
            M=(self.x @ self.w+self.b) * self.y<1 # 不可靠样本集合

    # 可视化
    def plot(self):
        fig,ax=plt.subplots(1,1)
        x=np.linspace(-8,8)
        y=self.f(x)
        ax.plot(x,y)
        ax.scatter(self.x[self.y==1,0],self.x[self.y==1,1],label='+1')
        ax.scatter(self.x[self.y==-1,0],self.x[self.y==-1,1],label='-1')
        ax.legend()
        plt.show()


def main():
    test=SVM()
    test.generate(sigma=3)
    test.train(stepsize=0.1,lam_=0.1,T=50)
    test.plot() # 可视化


if __name__=="__main__":
    main()
```

6.3.5 核函数

当数据并不是近似线性可分，而是完全非线性可分时，可选择恰当的核函数（kernel function）将样本映射到“高维”线性可分空间。如图 6-9 所示，一维非线性可分数据经 $\varphi(x)=[x,x^2]^T$ 映射后二维线性可分。

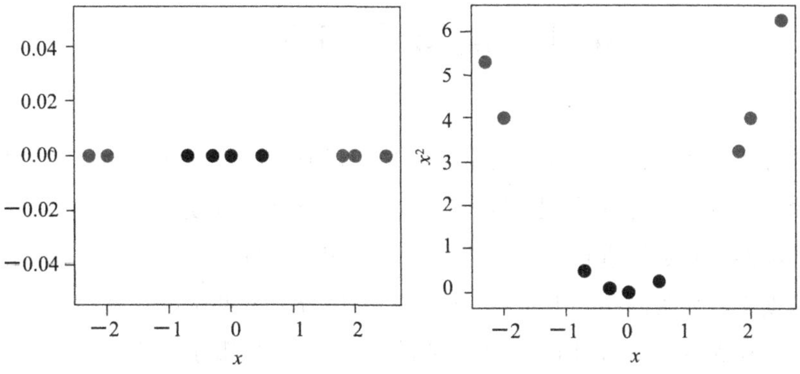

(a)　　(b)

图 6-9　一维非线性可分数据经变换后二维线性可分

对于非线性可分的数据集$\{\boldsymbol{x}\}$，如果能找到映射 φ，使得$\{\varphi(\boldsymbol{x})\}$是线性可分的，则我们只需要确定如下分类器：

$$\boldsymbol{w}^{\mathrm{T}}\varphi(\boldsymbol{x})+b \tag{6-49}$$

注意到上述超平面的待求参数 $\boldsymbol{w}$ 是所有变换后的样本$\{\varphi(\boldsymbol{x}_i)\}_{i=1}^{N}$的线性组合，故

$$\boldsymbol{w}^{\mathrm{T}}\varphi(\boldsymbol{x}) = \sum_{i=1}^{N}\alpha_i\varphi(\boldsymbol{x})^{\mathrm{T}}\varphi(\boldsymbol{x}_i) \tag{6-50}$$

其中 α_i 为线性组合的系数。

由式(6-50)可知，在实际计算中，我们不需要确定映射 φ 的形式，而只需要确定内积

$$k(\boldsymbol{x},\boldsymbol{x}')=\varphi(\boldsymbol{x})^{\mathrm{T}}\varphi(\boldsymbol{x}') \tag{6-51}$$

的形式即可。这里的函数 $k(\cdot,\cdot)$被称为“核函数”。用核函数代替 $\varphi(\boldsymbol{x})$具有更高的计算效率。例如，一个 2 维空间到 6 维空间的映射

$$\varphi(\boldsymbol{x})=[1,\sqrt{2}x_1,\sqrt{2}x_2,\sqrt{2}x_1x_2,x_2^1,x_2^2]^{\mathrm{T}} \tag{6-52}$$

对应的核函数为

$$k(\boldsymbol{x},\boldsymbol{x}')=(1+\boldsymbol{x}^{\mathrm{T}}\boldsymbol{x}')^2 \tag{6-53}$$

在实际应用中，核函数的形式有很多，例如常用的一个核函数是高斯核函数(径向基核函数)

$$k(\boldsymbol{x},\boldsymbol{x}')=N(\boldsymbol{x}-\boldsymbol{x}';0,\sigma^2 I) \tag{6-54}$$

它可以视为对欧几里得距离的一个加权推广。

对于非线性可分的数据集，可以利用恰当的核函数将原始数据进行非线性变换，然后在变换后的空间求解一个简单的线性问题。实际上，许多涉及数据内积的算法都可以使用核函数的方法进行非线性的扩展[4]。对于核函数在支持向量机上的详细应用可参考相关文献[5]。需要注意的是，虽然看似数据被映射到了高维空间，但由于核函数的计算还是在原空间进行，因此核函数方法不会因维度提升而带来一些问题(如计算量提升、维度灾难等)，这也是其一个非常优异的性质。

6.4 深度学习分类

现实中的分类任务往往需要处理大量的高维带冗余结构的数据，如图片、文本、视频等。这些数据一般不具有线性可分性，也很难找到合适的核函数对其进行转化。为此，必须借助强大的深度神经网络对数据进行压缩和特征提取，使得提取到的特征具有很好的可分性[7]。

普通的深度学习分类网络一般是由编码器和线性分类器两部分组成(见图 6-10)，前者负责特征的压缩和提取，后者根据提取的特征进行分类，这两部分的参数均需要通过恰当的优化目标迭代训练得到。

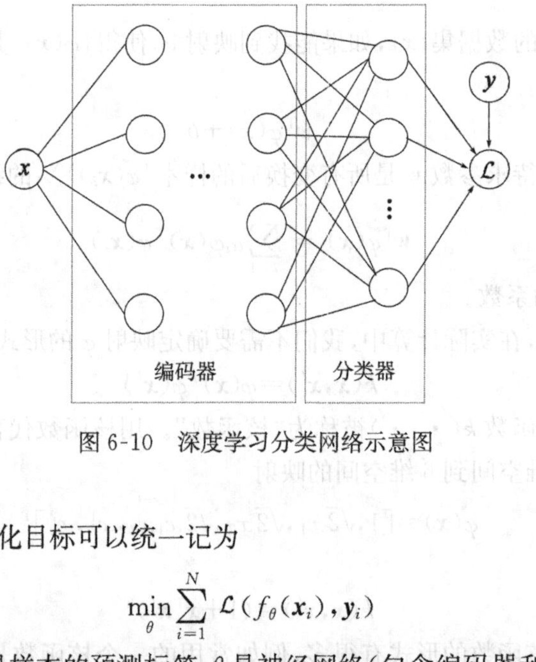

图 6-10 深度学习分类网络示意图

深度学习分类的优化目标可以统一记为

$$\min_{\theta}\sum_{i=1}^{N}\mathcal{L}(f_{\theta}(\boldsymbol{x}_i),\boldsymbol{y}_i) \tag{6-55}$$

其中，神经网络输出的是样本的预测标签，θ 是神经网络(包含编码器和分类器)的参数，$\mathcal{L}$ 是相应的损失函数。损失函数最常用的是下面的交叉熵损失：

$$\mathcal{L}(f_{\theta}(\boldsymbol{x}_i),\boldsymbol{y}_i)=-\boldsymbol{y}_i\cdot\log f_{\theta}(\boldsymbol{x}_i) \tag{6-56}$$

注意：交叉熵损失相比于均方损失能够保证分类网络具有更好的准确率。另外，与第 4 章中介绍的自编码器不同，深度分类学习的损失函数中需要用到每个数据的标签 y 来指导网络的学习。

6.4.1 简单的神经网络

MNIST 数据集和 Fashion MNIST 数据集分别如图 6-11(a)和(b)所示。

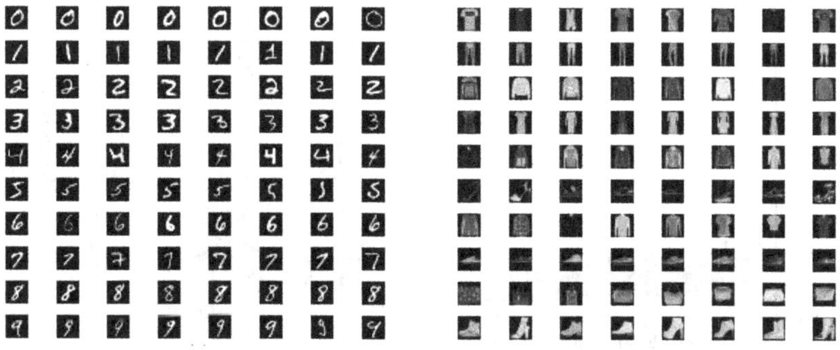

(a) (b)

图 6-11 MNIST 和 Fashion MNIST 数据集

下面我们尝试搭建一个三层的全连接神经网络，并在 MNIST 数据集上进行测试。如图 6-12所示，网络迅速收敛并缓慢振荡。读者在尝试下方代码时也会发现，在所有数据都经过一次训练之后，网络在训练数据上的精度会达到 97%，经过三轮之后精度会达到 99%，这说明网络收敛得相当快。当所有数据都进行了 10 轮完整的迭代之后，网络在测试集上的精度会达到 98%(由于不同的初始化，读者所观察到的结果可能略有差异)。

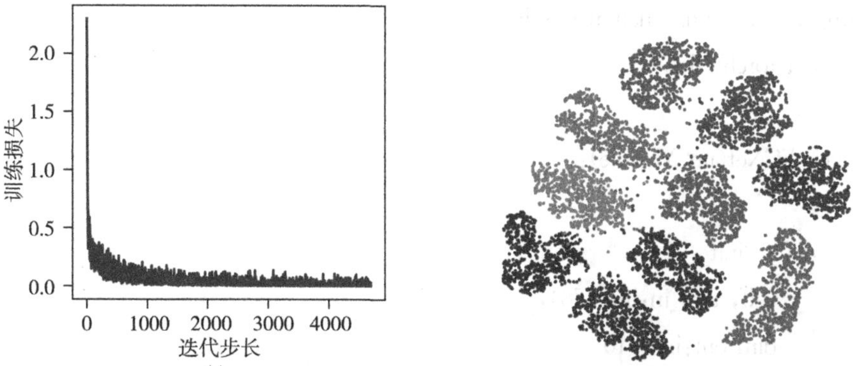

(a)随着训练损失的下降过程 (b)收敛后特征的可分性示意图

图 6-12 MNIST 数据集经过 10 轮完整迭代

下面我们再尝试一个更为复杂的 Fashion MNIST 数据集，其包含 10 类不同的衣物，测试结果如图 6-13 所示。同样的训练，其最后的结果只能达到 88%的精度，其特征可分性也明显差强人意。这说明数据集越复杂，就越需要更为强大的网络，以保证提取到更好的特征。

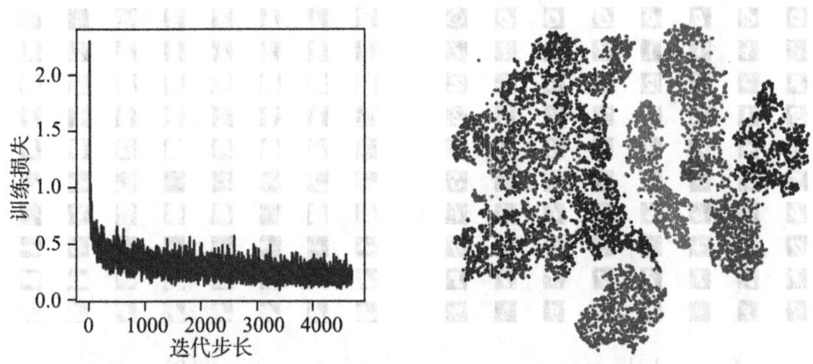

(a)随着训练损失的下降过程　　(b)收敛后特征的可分性示意图

图 6-13　Fashion MNIST 数据集经过 10 轮完整迭代

MNIST 数据集上基于全连接网络的分类示例代码如下：

```

from typing import Iterable
import torch
import torch.nn as nn
import torch.nn.functional as F
import torchvision

class FCNet(nn.Module):

    def __init__(
        self, dim_in:int=784,
        dim_out:int=10
    )-> None:
        '''
        dim in:输入维度:784=28 x 28
        dim out:类别数:10
        '''
        super().__init__()

        # 编码器:提取特征
        self.encoder=nn.Sequential(
```

```
            nn.linear(dim_in，1024)，
            nn.ReLU()，
            nn.linear(1024，256)，
            nn.ReLU()，
        )

        # 线性分类器
        self.fc=nn.linear(256，dim_out)

    def calc_loss(self，logits:torch.Tensor，labels:torch.Tensor)-> torch.Tensor:
        return F.cross_entropy(logits，labels，reduction="mean")

    def forward(self，x:torch.Tensor)-> torch.Tensor:
        x=x.flatten(start_dim=1)
        features=self.encoder(x)
        logits=self.fc(features)
        return logits

def load(lr:float=0.001，batch_size:int=128):
    # 载入 MNIST 数据集，若 root 位置不存在
    # MNIST 则下载之
    trainset=torchvision.datasets.MNIST(
        root='./data'，train=True，download=True，
        transform=torchvision.transforms.ToTensor()
    )
    # 制作 dataloader，batch size:128;
    # shuffle=True 表示打乱顺序
    trainloader=torch.utils.data.DataLoader(
        trainset，batch_size=batch_size，shuffle=True
    )

    testset=torchvision.datasets.MNIST(
        root="./data"，train=False，
        transform=torchvision.transforms.ToTensor()
```

```
    )
    testloader=torch.utils.data.DataLoader(
        testset，batch_size=batch_size，shuffle=False
    )

    # 若可能，则使用GPU进行训练
    device=torch.device("cuda:0" if torch.cuda.is_available() else "cpu")

    model=FCNet().to(device)
    # 使用学习率为 lr 的 Adam 优化器
    optimizer=torch.optim.Adam(model.parameters()，lr=lr)
    return model，optimizer，device，trainloader，testloader


@torch.no_grad()
def eval(
    model：FCNet，device：torch.device，
    testloader：Iterable
)：
    running_acc=0 # 记录正确率
    for inputs，labels in testloader：
        inputs=inputs.to(device)
        labels=labels.to(device)

        logits=model(inputs)
        pred=(logits.argmax(dim=-1)==labels).sum().item()
        running_acc +=pred
    running_acc /=len(testloader.dataset)
    print(f"[Evaluation] Accuracy：{running_acc：.3%}")


def train(
    model：FCNet，device：torch.device，
    trainloader：Iterable，optimizer：torch.optim.Optimizer，
```

```python
    epochs:int=10
):
    loss_meter=[] # 记录损失
    acc_meter=[] # 记录正确率
    dsz=len(trainloader.dataset) # 训练数据集的大小
    for epoch in range(epochs):
        running_loss=0.
        running_acc=0
        for inputs, labels in trainloader:
            inputs=inputs.to(device)
            labels=labels.to(device)

            logits=model(inputs)
            loss=model.calc_loss(logits, labels) # 计算损失

            optimizer.zero_grad() # 清空梯度
            loss.backward() # 梯度回传
            optimizer.step() # 更新参数

            pred=(logits.argmax(dim=-1)==labels).sum().item()
            running_acc +=pred
            running_loss +=loss.item() * len(inputs)
        loss_meter.append(running_loss / dsz)
        acc_meter.append(running_acc / dsz)
        print(f"[Epoch:{epoch:2d}] Loss:{loss_meter[-1]:.6f} Acc:{acc_meter[-1]:.3%}")


def main():

    model, optimizer, device, trainloader, testloader=load()
    train(model, device, trainloader, optimizer, epochs=10)
    eval(model, device, testloader)
    visual(model, device, testloader)


```

```
125  if _ _name_ _=="_ _main_ _":
126
127      main()
```

6.4.2 卷积神经网络

接下来,我们结合卷积层、池化层、全连接层搭建一个较为复杂的卷积神经网络(convolutional neural network,CNN),其在 Fashion MNIST 数据集上的测试结果如图 6-14 所示。卷积神经网络每一层输出的特征图大小已经在代码中注释,请读者自行推导。在同样的训练条件下,卷积神经网络最终能达到 91% 的精度,但这绝非该网络的极限。有条件的读者不妨尝试通过调整超参数来探寻其极限。

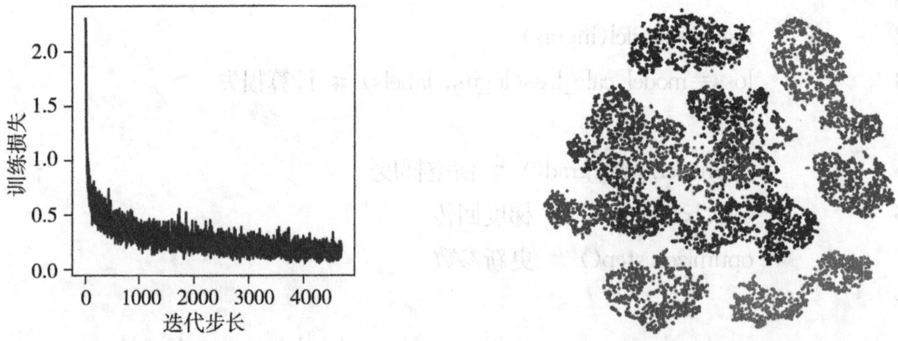

(a)随着训练损失的下降过程　　　　(b)收敛后特征的可分性示意图

图 6-14　卷积神经网络在 Fashion MNIST 数据集上经过 10 轮完整迭代

Fashion MNIST 数据集上基于卷积连接网络的分类示例代码如下:

```
1
2
3  from typing import Iterable
4  import torch
5  import torch. nn as nn
6  import torch. nn. functional as F
7  import torchvision
8
9  class CNet(nn. Module):
10
11     def _ _init_ _(
12         self, dim_out:int=10
```

```
    )-> None:
        '''
        dim out:类别数:10
        '''
        super().__init__()

        # 编码器
        self.conv=nn.Sequential(
            nn.Conv2d(1, 32, 3),
            nn.ReLU(True),
            nn.Conv2d(32, 32, 3),
            nn.ReLU(True),
            nn.MaxPool2d(2, 2),
            nn.Conv2d(32, 64, 3),
            nn.ReLU(True),
            nn.Conv2d(64, 64, 3),
            nn.ReLU(True),
            nn.MaxPool2d(2, 2),
        )

        self.dense=nn.Sequential(
            nn.linear(64 * 4 * 4, 256),
            nn.ReLU(True),
            nn.linear(256, 256),
            nn.ReLU()
        )

        # 线性分类器
        self.fc=nn.linear(256, dim_out)

    def calc_loss(self, logits:torch.Tensor, labels:torch.Tensor)-> torch.Tensor:
        return F.cross_entropy(logits, labels, reduction="mean")

    def features(self, x):
```

```
        x=self.conv(x).flatten(start_dim=1)
        features=self.dense(x)
        return features

    def forward(self, x:torch.Tensor)-> torch.Tensor:
        x=self.conv(x).flatten(start_dim=1)
        features=self.dense(x)
        logits=self.fc(features)
        return logits

def load(lr:float=0.001, batch_size:int=128):
    # 载入 FashionMNIST 数据集，若 root 位置不存在
    # FashionMNIST 则下载之
    trainset=torchvision.datasets.FashionMNIST(
        root='./data', train=True, download=True,
    transform=torchvision.transforms.ToTensor()
    )
    # 制作 dataloader，batch size:128;
    # shuffle=True 表示打乱顺序
    trainloader=torch.utils.data.DataLoader(
        trainset, batch_size=batch_size, shuffle=True
    )

    testset=torchvision.datasets.FashionMNIST(
        root="./data", train=False,
        transform=torchvision.transforms.ToTensor()
    )
    testloader=torch.utils.data.DataLoader(
        testset, batch_size=batch_size, shuffle=False
    )

    # 若可能，则使用 GPU 进行训练
    device=torch.device("cuda:0" if torch.cuda.is_available() else "cpu")

```

```python
    model=CNet().to(device)
    # 使用学习率为 lr 的 Adam 优化器
    optimizer=torch.optim.Adam(model.parameters(), lr=lr)
    return model, optimizer, device, trainloader, testloader


@torch.no_grad()
def eval(
    model:CNet, device:torch.device,
    testloader:Iterable
):
    running_acc=0 # 记录正确率
    for inputs, labels in testloader:
        inputs=inputs.to(device)
        labels=labels.to(device)

        logits=model(inputs)
        pred=(logits.argmax(dim=-1)==labels).sum().item()
        running_acc +=pred
    running_acc /=len(testloader.dataset)
    print(f"[Evaluation] Accuracy:{running_acc:.3%}")


def train(
    model:CNet, device:torch.device,
    trainloader:Iterable, optimizer:torch.optim.Optimizer,
    epochs:int=10
):
    loss_meter=[] # 记录损失
    acc_meter=[] # 记录正确率
    meters=[]
    dsz=len(trainloader.dataset) # 训练数据集的大小
    for epoch in range(epochs):
        running_loss=0.
```

```
        running_acc=0
        for inputs, labels in trainloader:
            inputs=inputs.to(device)
            labels=labels.to(device)

            logits=model(inputs)
            loss=model.calc_loss(logits, labels) # 计算损失

            optimizer.zero_grad() # 清空梯度
            loss.backward() # 梯度回传
            optimizer.step() # 更新参数

            pred=(logits.argmax(dim=-1)==labels).sum().item()
            running_acc +=pred
            running_loss +=loss.item() * len(inputs)
            meters.append(loss.item())
        loss_meter.append(running_loss / dsz)
        acc_meter.append(running_acc / dsz)
        print(f"[Epoch:{epoch:2d}] Loss:{loss_meter[-1]:.6f} Acc:{acc_meter[-1]:.3%}")
    export_pickle({'loss':meters}, 'loss.line')


def main():

    model, optimizer, device, trainloader, testloader=load()
    train(model, device, trainloader, optimizer, epochs=10)
    eval(model, device, testloader)
    visual(model, device, testloader)


if __name__=="__main__":

    main()
```

6.4.3 半监督学习

现实中许多数据的标签都需要付出较大的成本才能获得，因此实际面对的数据集可能仅有少量的数据具有标签。如果放弃大量无标签数据，仅仅利用这些带标签样本进行分类学习，一方面会造成数据的严重浪费，另一方面也会使得最终得到的分类模型精度降低。

半监督学习是一类结合带标签和无标签数据进行分类学习的算法，具有很好的实用性。下面给出一种简单的半监督学习算法，该算法的核心思想是首先通过带标签数据训练分类模型，进而利用学习的分类模型给不带标签数据打标，从中挑选标签可信度高的数据扩充训练集，并更新分类模型，反复进行直至收敛。

半监督学习算法(算法 4)的流程如下：

输入：带标签数据 $S=\{(\boldsymbol{x},y)\}$，不带标签数据 $S'=\{\boldsymbol{x}\}$；阈值 τ。
1. 令训练数据集为 $D=S$；
2. 利用训练数据集 D 训练模型 f 至收敛；
3. while 未满足收敛条件 do
4. 利用模型 f 为 $\boldsymbol{x}\in S'$ 打上标签 y；
5. 更新训练数据集为

$$D=S\cup\{(\boldsymbol{x},y)\mid 标签可信度>\tau,\boldsymbol{x}\in S'\}$$

6. 利用训练数据训练模型 f。

输出：分类器 $f(\boldsymbol{x})$。

上面给出的半监督学习算法只是一个简单的示例，实际上半监督学习算法的研究结果极其丰富。例如，我们可以引入交叉熵和信息熵分别针对带标签和不带标签数据构造一个优化目标，这样就只需要进行一个完整的训练过程，而不需要像上述算法那样对模型进行反复的训练[8]。

6.4.4 讨论

深度学习从业人员被人称为“炼丹师”，是因为在他们的日常工作中有大量的参数需要调节，而细微的参数改动就会引发天翻地覆的变化。参数的调节往往凭借的是操作人员的经验，并没有特定的规律，读者在实验过程中也会深刻体会到这一点。神经网络是一片神秘的未知的却有趣的领域，等待人们不断去探索。

参考文献

[1] 李航. 统计学习方法[M]. 北京：清华大学出版社，2012.

[2] THEODORIDIS S，KOUTROUMBAS K. Pattern recognition[M]. New York：Academic Press，2009.

[3] PLATT J. Sequential minimal optimization：a fast algorithm for training support vector machines[J]. MSRTR：Microsoft Research，1998，3(1)：88-95.

[4] HOMANN H. Kernel PCA for novelty detection[J]. Pattern Recognition，2007，40(3)：863-874.

[5] PATLE A，CHOUHAN D. SVM kernel functions for classification[C]. In International Conference on Advances in Technology and Engineering (ICATE)，2013.

[6] GOODFELLOW I，BENGIO Y，COURVILLE A. Deep learning[M]. Cambridge：MIT，2016.

[7] 邱锡鹏. 神经网络与深度学习[M]. 北京：机械工业出版社，2020.

[8] CHAPELEE O，SCHOLKOPF B，ZIEN A. Semi-supervised learning[J]. IEEE Transactions on Neural Networks，2009，20(3)：542.

第7章 深度学习的鲁棒性

近年来，基于神经网络的深度学习方法凭借其超强的性能逐步渗入社会生活的方方面面，并成为人们生活的一部分。但是有些时候，人工智能会显得不那么智能，特别是在自动驾驶领域，会出现各种各样的故障问题。一些不显眼的数据噪声就可能导致网络崩溃，这些问题的背后体现了深度神经网络的鲁棒性。关于网络对抗鲁棒性，这里我们简单介绍其概念和一些有效的解决措施，希望读者能够加深对于深度学习的理解。

7.1 神经网络的脆弱性

设分类神经网络为 $F(\cdot;\theta)$，其中 θ 是网络参数。将样本 $\boldsymbol{x}\in\mathbb{R}^d$ 映射为概率向量 $F(\boldsymbol{x})\in\{0,1\}^K$，每个元素 $F_k(\boldsymbol{x})(k=1,2,\cdots,K)$ 代表了样本属于类别 k 的概率。网络的参数一般通过在训练集上最小化如下交叉熵损失来确定：

$$\min_{\theta}\sum_{i=1}^{N}\mathcal{L}_{\mathrm{ce}}[F(\boldsymbol{x}_i;\theta),\boldsymbol{y}_i] \tag{7-1}$$

其中 $\boldsymbol{y}_i$ 是样本 $\boldsymbol{x}_i$ 的真实标签，$\mathcal{L}_{\mathrm{ce}}[F(\boldsymbol{x}_i),\boldsymbol{y}_i]=-\boldsymbol{y}_i\cdot\log F(\boldsymbol{x}_i)$。

我们通常用自然精度 A_{nat} 来衡量分类网络的优劣，其定义为

$$A_{\mathrm{nat}}=\frac{N_{\mathrm{nat}}}{N} \tag{7-2}$$

其中，N 表示测试集上总的样本数目，N_{nat} 表示正确分类的个数。

Sezgedy 等人[1]发现，通过优化交叉熵损失[式(7-1)]得到的分类网络是相当脆弱的，很可能一个微不足道的干扰 $\delta\in\mathbb{R}^d$，就会使得样本 $\boldsymbol{x}+\delta$ 的标签和 $\boldsymbol{x}$ 的标签相差甚远。我们把 $\boldsymbol{x}+\delta$ 称为 $\boldsymbol{x}$ 的一个对抗样本(adversarial sample)，简称“对抗样本”；而 δ 称为“对抗扰动”(adversarial perturbation)，满足 $|\delta|<\varepsilon$，其中 ε 是扰动幅度。图 7-1 为一对抗样本的样例。其中熊猫(左)加上细微的扰动 δ(中)后所得的图片(右)在人眼看来几乎没有差别，但是却被分类神经网络判别为长臂猿。对于普通的 RGB 图像而言，使用 $\|\cdot\|_\infty$ 以及 $\varepsilon=8/255$(即限制扰动范围在 8 个像素点之内)，便能够保证 δ 是肉眼难以观测的。

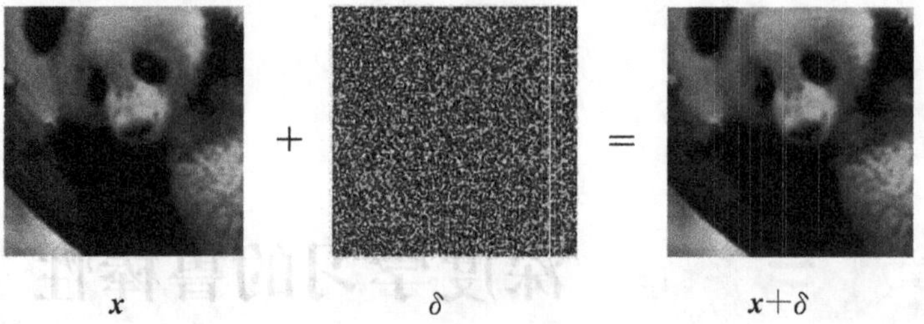

图 7-1 对抗样本的样例[2]

我们可以用A_{rob}来定量地评估网络的鲁棒性，其定义为

$$A_{rob}=\frac{N_{rob}(\varepsilon)}{N} \tag{7-3}$$

其中$N_{rob}(\varepsilon)$表示经扰动后仍能正确分类的样本数量。显然当$\varepsilon=0$时，鲁棒性$A_{rob}(0)$退化为自然精度A_{nat}。

7.2 攻击扰动的构造

为了衡量神经网络的鲁棒性，对于特定的数据集，我们需要先找到最佳的对抗扰动δ。这是一个较难求解的问题，我们可以通过如下优化问题求解：

$$\max_{\|\delta\|\leqslant\varepsilon}\mathcal{L}_{ce}(F(\boldsymbol{x}+\delta),\boldsymbol{y}) \tag{7-4}$$

我们希望找到的δ能够使得预测结果尽可能地偏离正确的标签。

对于RGB图像而言，虽然我们可以通过穷举法精确解出式(7-4)的最优解，但是该方法过于耗时。实际中，我们通常采用迭代方法来近似求解。

利用泰勒(Taylor)展开公式可知，对于一般的受扰动函数，有

$$\mathcal{L}(\boldsymbol{x},\delta,\boldsymbol{y})\approx\mathcal{L}(\boldsymbol{x},0,\boldsymbol{y})+\delta^{\mathrm{T}}\nabla_{\delta}\mathcal{L}(\boldsymbol{x},\delta,\boldsymbol{y})$$

在$\|\delta\|_{\infty}\leqslant\varepsilon$的约束下，当$\varepsilon$很小时，$\max_{\delta}\mathcal{L}(\boldsymbol{x},\delta,\boldsymbol{y})$可以近似为

$$\begin{aligned}&\max_{\delta}\delta^{\mathrm{T}}\nabla_{\delta}\mathcal{L}(\boldsymbol{x},0,\boldsymbol{y})\\&\text{s. t. }\|\delta\|_{\infty}\leqslant\varepsilon\end{aligned} \tag{7-5}$$

显然，其最优解是

$$\delta=\varepsilon\cdot\mathrm{sign}(\nabla_{\delta}\mathcal{L}(\boldsymbol{x},0,\boldsymbol{y})) \tag{7-6}$$

其中$\mathrm{sign}(\nabla_{\delta}\mathcal{L}(\boldsymbol{x},0,\boldsymbol{y}))$表示一个近似局部最优方向，在实际计算中，我们一般用很小的步长α进行多次迭代得到扰动。例如，当使用交叉熵损失时，PGD-T[3]($\|\cdot\|_{\infty}$范数下)扰动的计算公式为

$$\begin{aligned}&\delta'_t=\delta_{t-1}+\alpha\cdot\mathrm{sign}(\nabla_{\delta}\mathcal{L}_{ce}(F(\boldsymbol{x}+\delta_{t-1}),\boldsymbol{y}))\\&\delta_t=\mathrm{clip}(\delta'_t,-\varepsilon,\varepsilon),\quad t=1,2,\cdots,T\end{aligned} \tag{7-7}$$

其中 clip 函数的作用是将扰动 δ 投影至相应的半径为 ε 的范数球内，以保证 $\|\delta\|_\infty \leqslant \varepsilon$。$\alpha$ 和 T 分别表示步长和迭代次数，显然步长 α 越小，迭代次数 T 越多，所估计的扰动越接近最优解。

ℓ_∞ 范数下的 PGD-T 攻击（算法 1）的流程如下：

输入：样本 $\boldsymbol{x}$，迭代次数 T，扰动半径 ε，迭代步长 α。

1. 从均匀分布 $U[-\varepsilon,\varepsilon]$ 中采样初始扰动 δ_0；
2. for $t=1,2,\cdots,T$ do
3. 　　应用公式(7-7)更新 δ_t；
4. 　　令

$$\delta_t = \mathrm{clip}(\boldsymbol{x}+\delta,0,1)-\boldsymbol{x}$$

以保证 δ_t 不影响扰动后的取值范围（这里假设为[0,1]）。

输出：扰动 δ_t 或者对抗样本 $\boldsymbol{x}+\delta_t$。

对于对抗扰动的构造，我们给出如下示例代码：

```

# torch:1.4.0

from typing import Optional, Tuple
import torch
import torch.nn as nn
import torch.nn.functional as F


# 交叉熵损失
def cross_entropy(
    outs: torch.Tensor,
    labels: torch.Tensor,
    reduction: str="mean"
)-> torch.Tensor:
    """
    cross entropy with logits
    """
    return F.cross_entropy(outs, labels, reduction=reduction)
```

```
class BasePGD:

    def __init__(
        self,epsilon:float,steps:int,stepsize:float,
        random_start:bool=True,bounds:Tuple[float]=(0.,1.)
    )->None:
        """
        Args:
            epsilon:扰动半径;
            steps:迭代次数;
            stepsize:补偿;
        Kwargs:
            random start:第一步是否添加随机扰动;
            bounds:图片的取值范围,默认为[0,1].
        """
        self.epsilon=epsilon
        self.steps=steps
        self.stepsize=stepsize
        self.random_start=random_start
        self.bounds=bounds

    def atleast_kd(self,x:torch.Tensor,k:int)->torch.Tensor:
        size=x.size()+(1,) * (k-x.ndim)
        return x.view(size)

    def get_random_start(self,x0:torch.Tensor)->torch.Tensor:
        # 随机扰动
        raise NotImplementedError

    def normalize(self,grad:torch.Tensor)->torch.Tensor:
        # 标准化不同范数下的梯度
        raise NotImplementedError
```

```
    def project(self,adv:torch.Tensor,source:torch.Tensor)-> torch.Tensor:
        # 将扰动添加至原图,并保证 epsilon 在[-epsilon,epsilon ] 之间
        raise NotImplementedError

    def loss_fn(self, logits: torch.Tensor, targets: torch.Tensor)->
    torch.Tensor:
        # 用于度量扰动水平的损失函数
        raise NotImplementedError

    def calc_grad(self,model:nn.Module,x:torch.Tensor,targets:torch.
    Tensor)-> torch.Tensor:
        # 计算梯度
        x=x.clone().requires_grad_(True)
        logits=model(x)
        loss=self.loss_fn(logits,targets)
        loss.backward()
        return x.grad

    def attack(self,model:nn.Module,inputs:torch.Tensor,targets:
    torch.Tensor)-> torch.Tensor:
        """
        Args:
            model:神经网络:输入 ->logits;
            inputs:输入图片;
            targets:目标(对于交叉熵而言便是真实标签)
        """
        x0=inputs.clone()

        if self.random_start:
            x=x0+self.get_random_start(x0) # 初始扰动
            x=torch.clamp(x,*self.bounds) # 将图片 clip 至图片取值范围内
        else:
```

```
            x=x0

            for _ in range(self.steps):
                grad=self.calc_grad(model,x,targets) # 计算梯度
                x=x+self.stepsize * self.normalize(grad) # 添加扰动
                x=self.project(x,x0) # 修正扰动
                x=torch.clamp(x, *self.bounds) # 修正图片

        return x

    def __call__(self, *args, **kwargs):
        return self.attack(*args, **kwargs)


class linfPGD(BasePGD):
    #无穷范数下的 PGD 攻击
    def get_random_start(self,x0:torch.Tensor)-> torch.Tensor:
        return torch.zeros_like(x0).uniform_(-self.epsilon,self.epsilon)#采用均匀扰动

    def normalize(self,grad:torch.Tensor)-> torch.Tensor:
        return grad.sign() # 符号函数

    def project(self,adv:torch.Tensor,source:torch.Tensor)-> torch.Tensor:
        return source+torch.clamp(adv-source,-self.epsilon,self.epsilon)

    def loss_fn(self,logits:torch.Tensor,targets:torch.Tensor)-> torch.Tensor:
        return cross_entropy(logits,targets,'sum') # 默认采用交叉熵损失
```

接下来，我们将对抗扰动应用于 MNIST 数据集，具体观察扰动对最后分类结果的影响。图 7-2 为不同扰动半径 ϵ 下网络的对抗鲁棒性，其中(a)为通过标准交叉熵损失训练的网络，(b)为通过对抗损失训练的网络。当采用标准训练时，当扰动半径逐渐增大时，分类准确率快速下降[见图 7-2(a)]。由此可见，标准训练确定的神经网络防御性极差。另外，通过 PGD-1 和 PGD-10 的比较，可以发现 PGD-10 对应的扰动更具有干扰性。需要说明的是，由

于 MNIST 数据集中的图片均为简单的手写数字，半径 $\varepsilon=0.3$ 内的扰动几乎不会改变本身的语义特征。

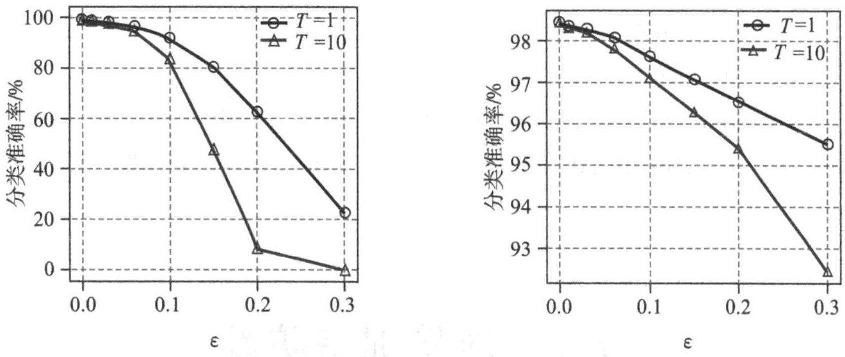

(a) 标准训练　　(b) 对抗训练

图 7-2　不同扰动半径下网络的对抗鲁棒性

网络对抗鲁棒性的测试代码如下：

```

def robustness(attacker:BasePGD,model,dataloader,device):
    """
    Args:
        attacker:攻击方法
        model:模型
        dataloader:测试数据集
        device:CPU or GPU
    """
    model.eval()
    nat_accuracy=0
    adv_robustness=0
    datasize=len(dataloader.dataset)
    for inputs,labels in dataloader:
        inputs=inputs.to(device)
        labels=labels.to(device)
        inputs_adv=attacker.attack(model,inputs,labels)

        logits=model(inputs)
        nat_accuracy +=(logits.argmax(dim=-1)==labels).sum().item()

```

```
        logits=model(inputs_adv)
        adv_robustness +=(logits.argmax(dim=-1)==labels).sum().item()

    nat_accuracy /=datasize
    adv_robustness /=datasize
    print(f"Natural Accuracy:{nat_accuracy:.3%}")
    print(f"Adversrial Robustness:{adv_robustness:.3%}")
```

7.3 对抗训练防御

自 Szegedy 等人[1]发现网络的脆弱性之后，已经有许多学者陆续提出一些防御方法[4-7]，如检测算法和可验证方法等。其中对抗训练[2,3,8]是目前最有效也是最为成功的防御方法。

对抗训练的基本思想非常简单，即期望神经网络对于所有对抗样本都能够正确地分类，其优化目标为

$$\min_{\theta}\sum_{i=1}^{N}\max_{\|\delta_i\|\leqslant\varepsilon}\mathcal{L}_{\mathrm{ce}}(F(\boldsymbol{x}+\delta_i),\boldsymbol{y}_i) \tag{7-8}$$

注意到，每一次迭代后，由于网络参数发生变化，每个样本 $\boldsymbol{x}$ 对应的对抗扰动 δ 都需重新计算，因此对抗训练的计算量非常大。另外，对抗训练要求网络学习的不是干净样本的分布，而是受干扰样本的分布。虽然网络的鲁棒性得到提升，但是自然分类精度会下降。

除了利用最普通的交叉熵损失外，不同的损失函数 $\mathcal{L}$ 的选择造就了不同的对抗训练的模型[9,10]。这些变体很多都是为了更好地利用干净数据来保证较好的自然精度。较为经典的是 Zhang 等人[9]提出的 trades，其采用的是如下损失：

$$\mathcal{L}_{\mathrm{trades}}(\boldsymbol{x},\delta,\boldsymbol{y})=\mathcal{L}_{\mathrm{ce}}(F(\boldsymbol{x}),\boldsymbol{y})+\beta\cdot\mathrm{KL}(F(\boldsymbol{x})\,\|\,F(\boldsymbol{x}+\delta)) \tag{7-9}$$

损失的第一部分迫使网络的预测接近真实标签，而第二部分 KL 散度拉近了对抗样本和干净样本的分布。当我们选择一个较大的超参数 β 时，网络会具有更好的鲁棒性以及较差的自然精度；反之可以得到较高的自然精度。这种混合的优化目标在对抗鲁棒性研究领域是非常常见的，有兴趣的读者可以参考文献[5]和[9]。

下面我们给出一个利用公式(7-8)进行对抗训练的例子(代码只给出了对抗训练部分，数据和模型的加载可以参考监督学习部分)。每一次迭代通过第 18 行代码生成对抗样本 inputs_adv，然后替代干净样本用于训练。所得网络在不同扰动半径下的鲁棒性如图 7-2(b)所示。显然，其鲁棒性相较于标准训练的网络而言要可靠得多。

对抗训练的示例代码如下：

```

def adv_train(
    model: CNet, attacker: BasePGD, device: torch.device,
    trainloader: Iterable, optimizer: torch.optim.Optimizer,
    epochs: int=10
):
    loss_meter=[] # 记录损失
    acc_meter=[] # 记录正确率
    meters=[]
    dsz=len(trainloader.dataset) # 训练数据集的大小
    for epoch in range(epochs):
        running_loss=0.
        running_acc=0
        for inputs, labels in trainloader:
            inputs=inputs.to(device)
            labels=labels.to(device)
            model.eval()
            inputs_adv=attacker.attack(model, inputs, labels)

            model.train()
            logits=model(inputs_adv)
            loss=model.calc_loss(logits, labels) # 计算损失

            optimizer.zero_grad() # 清空梯度
            loss.backward() # 梯度回传
            optimizer.step() # 更新参数

            pred=(logits.argmax(dim=-1)==labels).sum().item()
            running_acc +=pred
            running_loss +=loss.item() * len(inputs)
            meters.append(loss.item())
        loss_meter.append(running_loss / dsz)
        acc_meter.append(running_acc / dsz)
        print(f"[Epoch: {epoch: 2d}] Loss: {loss_meter[-1]:.6f} Acc: {acc_meter[-1]:.3%}")
```

7.4 基于分类器改进的防御方法

由于对抗训练的计算开销很大，因此难以应用于大规模问题。此外，对抗训练往往需要牺牲自然分类精度来提高鲁棒性[8,10]。

本节将从特征分布的角度入手，分析类间散度和类内紧度与鲁棒性的关系，并介绍一种轻量级的针对分类器的鲁棒性提升方法。

7.4.1 特征的类间散度

分类神经网络 $F(\cdot)$ 可以分解为编码器 $f(\cdot)$ 和分类器两部分，前者将样本 $\boldsymbol{x}$ 映射为特征 $f(\boldsymbol{x})\in\mathbb{R}^P$，后者在此基础上进行分类：

$$F(\boldsymbol{x})=\mathrm{softmax}[\boldsymbol{W}f(\boldsymbol{x})+\boldsymbol{b}] \tag{7-10}$$

其中 $\boldsymbol{W}\in\mathbb{R}^{K\times P}$ 和 $\boldsymbol{b}\in\mathbb{R}^K$ 分别是分类层的权重矩阵和偏置向量。

偏置向量对最后的分类结果的影响很小，为了便于讨论，我们假设 $\boldsymbol{b}=\boldsymbol{0}$。此时，矩阵每一行对应的向量 $\boldsymbol{w}_i\in\mathbb{R}^P(i=1,2,\cdots,K)$ 可以视为类别 i 的类别中心。这些权重向量之间互相决定了最终的决策区域（见图 7-3）：

$$R_i:=\{\boldsymbol{f}\in\mathbb{R}^P \parallel (\boldsymbol{w}_i-\boldsymbol{w}_j)^{\mathrm{T}}\boldsymbol{f}\geqslant 0, j\neq i\},\quad 1\leqslant i\leqslant K \tag{7-11}$$

其中 $\boldsymbol{f}$ 表示编码器的输出向量。当且仅当样本 $\boldsymbol{x}$ 的特征表示 $f(\boldsymbol{x})$ 落入区域 R_i 时，其预测类别为 i。

图 7-3 为不同分类权重下的决策区域，其中(a)为不均匀分布；(b)为均匀分布。显然，模式(b)要比模式(a)更为鲁棒。

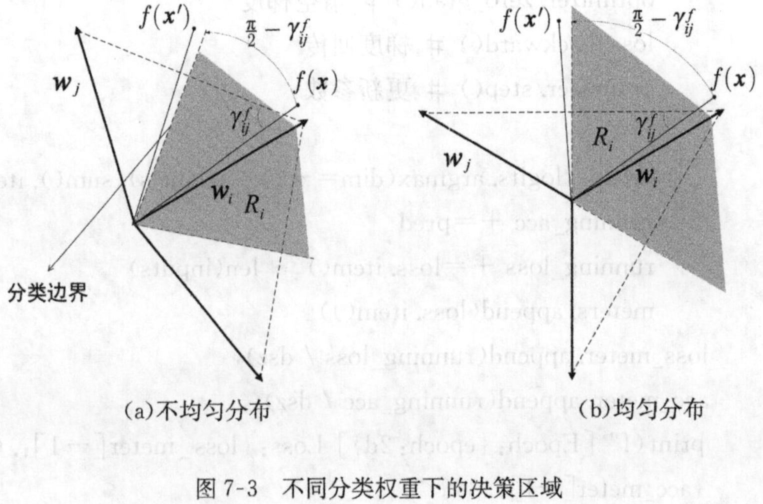

图 7-3　不同分类权重下的决策区域

对于一个属于第 i 类的样本 $\boldsymbol{x}$，其特征表示应当满足

$$(\boldsymbol{w}_i-\boldsymbol{w}_j)^{\mathrm{T}} f(\boldsymbol{x})=\|\boldsymbol{w}_i-\boldsymbol{w}_j\|_2\|f(\boldsymbol{x})\|_2 \cos \gamma_{ij}^f>0, \quad \forall j \neq i \tag{7-12}$$

其中 γ_{ij}^f 表示 $f(\boldsymbol{x})$ 与 $\boldsymbol{w}_i-\boldsymbol{w}_j$ 所形成的夹角(见图 7-3)。倘若想要找到对抗扰动 δ 使得扰动后的特征分布离开决策区域 R_i 而落于区域 R_j，则 $\boldsymbol{f}$ 至少需要转过 $\frac{\pi}{2}-\gamma_{ij}^f$ 才能生效(注意：仅改变 $\boldsymbol{f}$ 的模长对分类结果没有影响)。换言之，对于任意 $j\neq i$，夹角 γ_{ij}^f 越小，样本 $\boldsymbol{x}$ 的预测标签越不容易被改变。因为 $\gamma_{ij}^f\approx\frac{\pi}{2}-\frac{\langle \boldsymbol{w}_i,\boldsymbol{w}_j\rangle}{2}$，所以为了使得 γ_{ij}^f 足够小，则需要保证 $\boldsymbol{w}_i,\boldsymbol{w}_j$ 之间的夹角足够大，此时网络才足够鲁棒。

由 i,j 的任意性，为了获得分类的鲁棒性，我们希望所有夹角中的最小值要尽可能的大，即最大化下式：

$$\min_{1\leqslant i\neq j\leqslant K} \frac{\langle \boldsymbol{w}_i,\boldsymbol{w}_j\rangle}{2} \tag{7-13}$$

接下来我们将给出最大化式(7-11)的等价条件，基于该条件我们将更容易构建算法的优化目标。

定理 1　令 $\boldsymbol{W}\in\mathbb{R}^{K\times P}$ 为分类器的权重矩阵，其中 K,P 分别表示类别数和特征维度，且满足 $1<K\leqslant P+1$。倘若所有的权重向量的大小均为 s，即 $\|\boldsymbol{w}_i\|_2=s, 1\leqslant i\leqslant K$，则式(7-13)取得最大值，当且仅当权重矩阵 $\boldsymbol{W}$ 满足

$$\boldsymbol{w}_i^{\mathrm{T}}\boldsymbol{w}_j=\frac{s^2}{1-K}, \quad \forall 1\leqslant i,j\leqslant K, j\neq i \tag{7-14}$$

注：通常特征维度都会远大于类别数，故条件 $P+1\geqslant K$ 是很容易满足的。

为了证明定理 1，我们首先要给出两个引理：

引理 1　令 $\boldsymbol{M}\in\mathbb{R}^{n\times n}$ 为对角线上的元素均为 a，非对角线上的元素均为 b 的对称矩阵，则其行列式为

$$\det(\boldsymbol{M})=(a+bn-b)(a-b)^{n-1} \tag{7-15}$$

结果可由归纳法证得。

引理 2　令矩阵 $\boldsymbol{W}\in\mathbb{R}^{K\times P}$，$\boldsymbol{w}_i$ 表示第 i 行对应的向量。假设 $1<K\leqslant P+1$ 且

$$\boldsymbol{w}_i^{\mathrm{T}}\boldsymbol{w}_j=\begin{cases}1, & i=j,\\ \rho, & j\neq i\end{cases}$$

其中 ρ 为某个常数，则有下面关系式成立：

$$\rho\geqslant\frac{1}{1-K} \tag{7-16}$$

此外，总存在 $\boldsymbol{W}$ 使得等式成立。

证明：定义 $\boldsymbol{\Sigma}=\boldsymbol{W}\boldsymbol{W}^{\mathrm{T}}$，容易证得

$$\boldsymbol{\Sigma}_{ij}=\begin{cases}1, & i=j,\\ \rho, & i\neq j\end{cases}$$

令 λ 为 $\boldsymbol{\Sigma}$ 的任一特征值。利用引理 1，可得

$$0=\det(\lambda \boldsymbol{I}-\boldsymbol{\Sigma})=(\lambda-1-\rho K+\rho)(\lambda-1+\rho)^{K-1}$$

这表示 $\lambda=1+\rho K-\rho$ 或 $\lambda=1-\rho$。因为 $\boldsymbol{\Sigma}$ 是半正定矩阵，所以有 $\lambda\geqslant 0$。因此，不等式(7-16)可由下式得到：

$$\frac{1}{1-K}\leqslant\rho\leqslant 1$$

接下来，我们由 $\boldsymbol{\Sigma}$ 构建一特殊的 $\boldsymbol{W}$ 来说明上述不等式中的等号是可以成立的。首先，我们令 $\rho=\frac{1}{1-K}$，此时 $\boldsymbol{\Sigma}$ 的秩至多为 $K-1$。由于 $\boldsymbol{\Sigma}$ 是对称矩阵，故一定存在矩阵 $\boldsymbol{V}\in\mathbb{R}^{K\times K-1}$ 使得 $\boldsymbol{\Sigma}=\boldsymbol{V}\boldsymbol{V}^{\mathrm{T}}$。又因为 $P\geqslant K-1$，不妨定义 $\boldsymbol{W}=[\boldsymbol{V},\boldsymbol{0}]\in\mathbb{R}^{K\times P}$。此时 $\boldsymbol{W}$ 满足

$$\boldsymbol{w}_i^{\mathrm{T}}\boldsymbol{w}_j=\begin{cases}1, & i=j,\\ \dfrac{1}{1-K}, & i\neq j\end{cases}$$

□

有了上面的准备，我们便可以着手证明定理 1 了。

证明：为简便起见，不妨假设 $\|\boldsymbol{w}_i\|=1$（$\|\boldsymbol{w}_i\|=s$ 的一般情形的推导类似），其中 $1\leqslant i\leqslant K$。注意到余弦函数在 $[0,\pi]$ 上的递减性，式(7-13)取得最大值当且仅当

$$\min_{\boldsymbol{W}}\max_{\substack{1\leqslant i,j\leqslant K\\ j\neq i}}\boldsymbol{w}_i^{\mathrm{T}}\boldsymbol{w}_j \tag{7-17}$$

设上述问题的最优解是 $\widetilde{\boldsymbol{W}}$，则

$$\max_{\substack{1\leqslant i,j\leqslant K\\ j\neq i}}\widetilde{\boldsymbol{w}}_i^{\mathrm{T}}\widetilde{\boldsymbol{w}}_j=\min_{\boldsymbol{W}}\max_{\substack{1\leqslant i,j\leqslant K\\ j\neq i}}\boldsymbol{w}_i^{\mathrm{T}}\boldsymbol{w}_j$$

$$\leqslant\min_{\boldsymbol{W}\cap\{\boldsymbol{w}_i^{\mathrm{T}}\boldsymbol{w}_j=\rho\}}\max_{\substack{1\leqslant i,j\leqslant K\\ j\neq i}}\boldsymbol{w}_i^{\mathrm{T}}\boldsymbol{w}_j=\frac{1}{1-K},\quad K>1$$

该不等式可由引理 2 得出。不失一般性，我们假设

$$\widetilde{\boldsymbol{w}}_1^{\mathrm{T}}\widetilde{\boldsymbol{w}}_2=\max_{\substack{1\leqslant i,j\leqslant K\\ j\neq i}}\boldsymbol{w}_i^{\mathrm{T}}\boldsymbol{w}_j\leqslant\frac{1}{1-K}<0 \tag{7-18}$$

我们首先证明式(7-17)的最优解必定满足所有的内积 $\{\boldsymbol{w}_i^{\mathrm{T}}\boldsymbol{w}_j\}$，$i\neq j$ 都是相等的。否则，必定存在一行向量（用 $\widetilde{\boldsymbol{w}}_3$ 表示）满足

$$\widetilde{\boldsymbol{w}}_1^{\mathrm{T}}\widetilde{\boldsymbol{w}}_3<\widetilde{\boldsymbol{w}}_1^{\mathrm{T}}\widetilde{\boldsymbol{w}}_2$$

由此，我们可构建一额外的向量 $\widetilde{\boldsymbol{w}}(t)$：

$$\widetilde{\boldsymbol{w}}(t)=\frac{t\widetilde{\boldsymbol{w}}_1+(1-t)\widetilde{\boldsymbol{w}}_3}{\|t\widetilde{\boldsymbol{w}}_1+(1-t)\widetilde{\boldsymbol{w}}_3\|_2},\quad t\in[0,1]$$

注意到 $\widetilde{\boldsymbol{w}}_1^{\mathrm{T}}\widetilde{\boldsymbol{w}}_3<\widetilde{\boldsymbol{w}}_1^{\mathrm{T}}\widetilde{\boldsymbol{w}}_2<0$，有

$$\|t\widetilde{\boldsymbol{w}}_1+(1-t)\widetilde{\boldsymbol{w}}_3\|_2^2<1,\ \forall t\in(0,1)$$

根据式(7-18)，有如下性质成立：

$$(t\widetilde{\boldsymbol{w}}_1+(1-t)\widetilde{\boldsymbol{w}}_3)^{\mathrm{T}}\widetilde{\boldsymbol{w}}_j\leqslant\widetilde{\boldsymbol{w}}_1^{\mathrm{T}}\widetilde{\boldsymbol{w}}_2,\ \forall j\neq 1,3$$

利用上面两个估计式可知

$$\begin{aligned}\tilde{\boldsymbol{w}}^{\mathrm{T}}(t)\tilde{\boldsymbol{w}}_j&=\frac{(t\tilde{\boldsymbol{w}}_1+(1-t)\tilde{\boldsymbol{w}}_3)^{\mathrm{T}}\tilde{\boldsymbol{w}}_j}{\|t\tilde{\boldsymbol{w}}_1+(1-t)\tilde{\boldsymbol{w}}_3\|_2}\\&<\frac{(t\tilde{\boldsymbol{w}}_1+(1-t)\tilde{\boldsymbol{w}}_3)^{\mathrm{T}}\tilde{\boldsymbol{w}}_j}{1}\leqslant\tilde{\boldsymbol{w}}_1^{\mathrm{T}}\tilde{\boldsymbol{w}}_2,\ j\neq1,3\end{aligned}\tag{7-19}$$

接下来，注意到 $\tilde{\boldsymbol{w}}^{\mathrm{T}}(1)\tilde{\boldsymbol{w}}_3=\tilde{\boldsymbol{w}}_1^{\mathrm{T}}\tilde{\boldsymbol{w}}_3<\tilde{\boldsymbol{w}}_1^{\mathrm{T}}\tilde{\boldsymbol{w}}_2$，由连续函数的性质易知存在一个 $\varepsilon>0$ 使得对于任意 $t^*\in(1-\varepsilon,1)$，有 $\tilde{\boldsymbol{w}}^{\mathrm{T}}(t^*)\tilde{\boldsymbol{w}}_3<\tilde{\boldsymbol{w}}_1^{\mathrm{T}}\tilde{\boldsymbol{w}}_2$ 成立。再根据式(7-19)，有

$$\tilde{\boldsymbol{w}}^{\mathrm{T}}(t^*)\tilde{\boldsymbol{w}}_j<\tilde{\boldsymbol{w}}_1^{\mathrm{T}}\tilde{\boldsymbol{w}}_2,\quad j\neq1$$

若令 $\bar{\boldsymbol{w}}_1=\tilde{\boldsymbol{w}}(t^*)$，可得

$$\max_{\substack{1\leqslant i,j\leqslant K\\ j\neq i}}\bar{\boldsymbol{w}}_1^{\mathrm{T}}\tilde{\boldsymbol{w}}_j<\tilde{\boldsymbol{w}}_1^{\mathrm{T}}\tilde{\boldsymbol{w}}_2,\quad j\neq1$$

类似地，我们可以逐步构建 $\bar{\boldsymbol{w}}_i(i=1,2,\cdots,K)$满足

$$\max_{\substack{1\leqslant i,j\leqslant K\\ j\neq i}}\bar{\boldsymbol{w}}_i^{\mathrm{T}}\tilde{\boldsymbol{w}}_j<\tilde{\boldsymbol{w}}_1^{\mathrm{T}}\tilde{\boldsymbol{w}}_2=\max_{\substack{1\leqslant i,j\leqslant K\\ j\neq i}}\tilde{\boldsymbol{w}}_i^{\mathrm{T}}\tilde{\boldsymbol{w}}_j\tag{7-20}$$

但是，式(7-20)与 $\tilde{\boldsymbol{W}}$ 为式(7-17)的最优解这个条件产生矛盾。因此最优解必须满足内积$\{\boldsymbol{w}_i^{\mathrm{T}}\boldsymbol{w}_j\}(i\neq j)$都相等的条件。由此，进一步利用引理 2 便可完成式(7-14)的证明。□

由定理 1 可知，想要保证足够的类间散度，实际上只需要保证权重向量 $\boldsymbol{w}_k(k=1,2,\cdots,K)$在特征空间中均匀分布即可[见图 7-3(b)]。下面我们将提出一种用以直接构造近似满足式(7-12)的权重矩阵的算法。在固定此矩阵的前提下，可以进一步引入特定的均方损失，从而保证特征分布的类内紧度。

7.4.2　特征的类内紧度

在特征的类间散度部分，我们假设 $\|\boldsymbol{w}_k\|_2=s(k=1,2,\cdots,K)$，且 $f(\boldsymbol{x})$足够靠近其类中心 $\boldsymbol{w}_y$。本节我们将从类内紧度的角度解释其必要性和可行性。

要使 $f(\boldsymbol{x})$被正确判别为第 y 类，当且仅当

$$\boldsymbol{w}_y^{\mathrm{T}}f(\boldsymbol{x})\geqslant\boldsymbol{w}_k^{\mathrm{T}}f(\boldsymbol{x}),\quad\forall k\neq y$$

其等价于

$$\|\boldsymbol{w}_y\|_2\cos\gamma_y\geqslant\|\boldsymbol{w}_k\|_2\cos\gamma_k,\quad\forall k\neq y$$

其中 γ_k 表示特征 $f(\boldsymbol{x})$与分类权重 $\boldsymbol{w}_k$ 之间的夹角。

若 $\boldsymbol{w}_y$ 的模长很大，较小的夹角 γ_y 便足以保证样本 $\boldsymbol{x}$ 分类正确。但是，这也意味着特征表示 $f(\boldsymbol{x})$此时非常接近分类边界。故即便我们仅仅对样本 $\boldsymbol{x}$ 施加一个极其微小的扰动 $\|\delta\|\leqslant\varepsilon$，最终的特征表示也会跨越分类边界而被误判。为了保证不同类别的样本的特征表示都远离分类边界，应当保证它们的模长是一致的，最理想的情况便是令

$$\|\boldsymbol{w}_k\|_2=s,\quad k=1,2,\cdots,K$$

此时，样本 $\boldsymbol{x}$ 的预测类别由式(7-21)决定：

$$\tilde{y}(\boldsymbol{x})=\arg\max_{1\leqslant k\leqslant K}\boldsymbol{w}_k^{\mathrm{T}}f(\boldsymbol{x})=\arg\min_{1\leqslant k\leqslant K}\|f(\boldsymbol{x})-\boldsymbol{w}_k\|_2^2\tag{7-21}$$

很自然地，可以将其作为损失函数来保证 $f(\boldsymbol{x})$足够靠近类别中心 $\boldsymbol{w}_y$，即

$$\min_{f} \sum_{i=1}^{N} \| f(\boldsymbol{x}_i) - \boldsymbol{w}_{y_i} \|_2^2 \tag{7-22}$$

对于给定的分类器权重参数,最小化上述损失能保证特征的类内紧度。

注:注意到损失[式(7-22)]仅仅优化编码器 f,这相当于我们提前构建类别中心 w_k,$k=1,2,\cdots,K$,再迫使编码器所学的特征表示趋近各自的类别中心。

如果进一步设分类器权重满足上一节所推导的最优条件[式(7-14)],那么就可以保证特征具有足够大的类间散度。

接下来介绍一种显示构造分类层权重使其满足类间散度条件[式(7-14)]的方法。需要说明的是,该算法要求特征的维度满足 $P=2^T$,$\exists T \in \mathbb{Z}$。此条件可以通过调节网络分类层的神经元个数实现。

令 $\boldsymbol{M}^{(0)}=2^{-\frac{T}{2}}s$,并定义

$$\boldsymbol{M}^{(t)}=\begin{bmatrix} \boldsymbol{M}^{(t-1)} & -\boldsymbol{M}^{(t-1)} \\ \boldsymbol{M}^{(t-1)} & \boldsymbol{M}^{(t-1)} \end{bmatrix}, \quad t=1,2,\cdots,T \tag{7-23}$$

任取 $\boldsymbol{M}^{(T)}$ 中的 K 行作为权重矩阵 $\boldsymbol{W}$ 即可(具体见算法 2)。

正交稠密权重矩阵构造算法(算法 2)的流程如下:

输入:类别数 K,模长 s 以及特征维度 P。

1. 令 $T=\log_2 P$,$\boldsymbol{M}^{(0)}=2^{-\frac{T}{2}}s$;
2. for $t=1,2,\cdots,T$ do
3. 应用公式(7-23)逐步定义 $\boldsymbol{M}^{(t)}$;
4. 选择 $\boldsymbol{M}^{(T)}$ 的前 K 行作为权重矩阵 $\boldsymbol{W}$。

输出:权重矩阵 $\boldsymbol{W}$。

注:虽然算法 2 以类别数 K、模长 s 以及特征维度 P 作为输入内容,但是只要确定网络和数据集,P 和 K 也便随之确定了。故实际上只有模长 s 是超参数。

当我们考察 $\boldsymbol{M}^{(t)}$ 时,容易发现

$$\boldsymbol{M}^{(t)}=2^{-\frac{T}{2}}s\left[\boldsymbol{m}_{i,j}\right]_{2^t\times 2^t}$$

其中 $\|\boldsymbol{m}_{i,j}\|=1$。这意味着 $\boldsymbol{M}^{(t)}$ 是一个稠密的矩阵而且其中元素的(绝对值)大小一致。此外,归纳可知

$$\boldsymbol{M}^{(t)}(\boldsymbol{M}^{(t)})^{\mathrm{T}}=2^{t-T}s^2\boldsymbol{I}, \quad \forall 1\leqslant t\leqslant T$$

即 $\boldsymbol{M}^{(t)}$ 的各行是相互正交的,所得的权重矩阵 $\boldsymbol{W}$ 自然也满足这一性质。

注:此构造算法有诸多优势。首先,该算法简单,容易实现。其次,矩阵中的元素大小都相同,保证对所有维度的特征一视同仁,进而可以无偏地学习。

对于构造的正交稠密分类权重矩阵,采用高效的标准训练就可以帮助网络学习到较为鲁棒的数据特征。图 7-4(a)(b)分别给出了普通方法和基于正交稠密矩阵方法的特征可视化结果。我们可以发现,基于正交稠密矩阵的训练方法提取到的特征具有更好的类内紧度和类间散度,因此对于恶意干扰会有更好的防御能力。

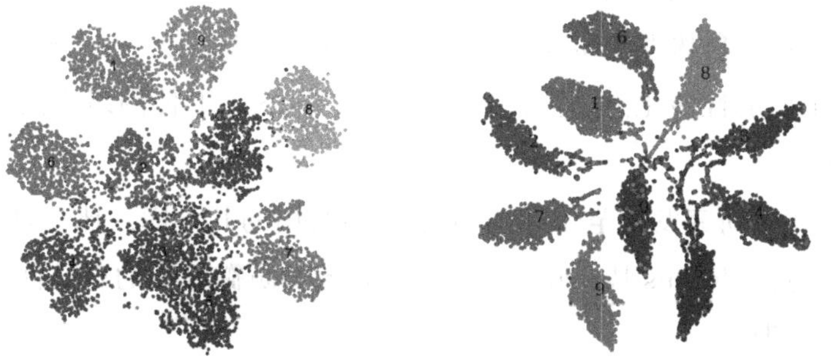

(a) 普通方法　　(b) 基于正交稠密矩阵的方法

图 7-4　基于 t-SNE 算法[11]特征可视化

7.4.3　利用对抗样本进一步提高鲁棒性

在前面学习的基础上，我们可以进一步利用对抗样本，结合对抗训练的方法获得更好的鲁棒性。对于对抗样本，我们希望它们的特征表示也能满足类内紧度和类间散度的要求，因此定义如下损失函数：

$$\min_{f}\frac{1}{P}\mathbb{E}_{(x,y)}\{\beta\cdot\|f(\boldsymbol{x})-\boldsymbol{w}_y\|_2^2+(1-\beta)\cdot\max_{\|\delta\|\leqslant\varepsilon}\|f(\boldsymbol{x}+\delta)-\boldsymbol{w}_y\|_2^2\} \tag{7-24}$$

其中 $\beta\in(0,1]$ 是平衡干净样本和对抗样本的超参数。式(7-24)中的第二项要求对抗样本的特征表示也紧挨着对应的权重向量。特别地，这里引入系数 $\frac{1}{P}$ 以保证对于不同的特征维度，相同大小的超参数 β 能够产生类似的效果。

注：同普通的对抗训练一样，想要精确求解式(7-24)中的最大值，需要庞大的计算开销。故采用 PGD-10，即以步长 $\alpha=0.25\varepsilon$ 执行 PGD 攻击共 10 次来近似求解。

7.5　总　结

迄今为止，关于网络鲁棒性有效的防御方法仍远远落后于对应的攻击方法，很少有方法能够在效率和可靠性方面同时让人满意。关于网络鲁棒性的研究依然任重道远。

(1)虽然对抗训练已经取得一定的成绩，但是其巨大的计算开销和大打折扣的自然精度让人望而却步。此外，对抗训练所得模型的鲁棒性往往非常有限。比如，在 $\|\cdot\|_\infty$ 意义下较为鲁棒的网络在 $\|\cdot\|_1$，$\|\cdot\|_2$ 攻击下可能就难以让人满意了。

(2)虽然对抗样本是针对特定网络和特定数据构造所得的，但是这些对抗样本很大概率对于其他网络也是有攻击效果的，这通常被称为对抗样本的可迁移性。甚至，有可能构造一

个通用的扰动 δ,其对于不同的网络和数据同时有效。

(3)现在关于网络鲁棒性的研究已经不仅仅局限于对抗鲁棒性,一些有趣的想法也应运而生,如将网络的脆弱性转化为一类保护隐私的技术;图片上传网络之前,故意添加扰动可以防止恶意爬取。

深度学习鲁棒性研究发展至今,衍生出了很多有用的开源库。比如,FoolBox[12]集成了很多实用的攻击方法,RobustBench[13]会动态更新各类防御方法的有效性,便于读者了解对抗鲁棒性的进展情况。

参考文献

[1] SZEGEDY C, ZAREMBA W, SUTSKEVER I, et al. Intriguing properties of neural networks[C]. In International Conference on Learning Representations (ICLR), 2014.

[2] GOODFELLOW I J, SHLENS J, SZEGEDY C. Explaining and harnessing adversarial exqmples[C]. In International Conference on Learning Representations (ICLE), 2015.

[3] MADRY A, MAKELOV A, SCHMIDT L, et al. Towards deep learning models resistant to adversarial attacks[C]. In International Conference on Learning Representations (ICLR), 2018.

[4] COHEN J, ROSENFELD E, KOLTER Z. Certified adversarial robustness via randomized smoothing[C]. In International Conference on Machine Learning (ICML), 2019.

[5] KANNAN H, KURAKIN A, GOODFELLOW I J. Adversarial logit pairing[C]. In Neural Information Processing Systems (NIPS), 2018.

[6] LIU W, WANG X, OWENS J D, et al. Energy-based out-of-distribution detection[C]. In Neural Information Processing Systems (NIPS), 2020.

[7] MOOSAVI-DEZFOOLI S, FAWZI A, FROSSARD P. DeepFool: a simple and accurate method to fool deep neural networks[C]. In Computer Vision and Pattern Recognition (CVPR), 2016.

[8] ZHANG H, YU Y, JIAO J, et al. Theoretically principled trade-off between robustness and accuracy[C]. In International Conference on Machine Learning (ICML), 2019.

[9] WANG Y, ZOU D, YI J, et al. Improving adversarial robustness requires revisiting misclassified examples [C]. In International Conference on Learning Representation (ICLR), 2020.

[10] XU C, LI X, YANG M. An orthogonal classifier for improving the adversarial robustness of neural networks[J]. Information Science, 2022, 591: 251-262.

[11] VAN DER MAATEN L, HINTON G. Visualizing data using t-SNE[J]. Journal of machine learning research, 2008, 9(11), 2579-2605.

[12] CROCE F, HEIN M. Reliable evaluation of adversarial robustness with an ensemble of diverse parameter-free attacks[C]. In International Conference on Machine Learning (ICML), 2020.

[13] CROCE F, ANDRIUSHCHENKO M, SEHWAG V, et al. RobustBench: a standardized adversarial robustness benchmark[C]. In Neural Information Processing Systems (NIPS), 2021.

附录 A　开发框架的安装与使用

尽管神经网络功能强大，但是其复杂的结构和优化过程使得搭建过程极其烦琐。为了将科研人员从复杂而繁复的工作中解放出来，许多大型科技公司开发了神经网络的快速搭建和训练框架，如 Facebook 的 PyTorch、谷歌的 TensorFlow、百度的飞桨等。不同框架下的语法和网络搭建流程有些许不同。这里我们首先将详细地讲解 PyTorch 框架的安装和使用，之后讲解如何调用 GPU(图形处理器)对神经网络训练进行加速。

A.1　PyTorch CPU 版本的安装

PyTorch 是 Facebook 公司开发的一个基于 Torch 的开源的 Python 机器学习库，可以用于深度学习应用程序的开发[1]。通过 PyTorch，我们可以更加快捷高效地搭建我们的神经网络。PyTorch分为 CPU 版和 GPU 版，二者的基本差别在于是否支持调用 GPU 进行网络训练。对于个人电脑尤其是笔记本电脑，一般可选择 CPU 版进行安装。接下来我们先讲解如何安装 PyTorch CPU 版本。

进入 PyTorch 官网(https://pytorch.org/)后，首先点击"Previous versions of PyTorch"(见图 A-1)。之后选择一个合适的版本，输入对应的安装命令，如"pip install torch==1.7.1+cpu torchvision==0.8.2+cpu torchaudio==0.7.2-f https://download.pytorch.org/whl/torch stable.html"。注意：不同操作系统的 PyTorch 不通用，这里务必要选择适合自己操作系统的版本。

另外，也可以通过"Win+R"快捷键输入 cmd 后进入命令行界面(见图 A-2)，选择最下面的 pip 快捷安装命令，在命令行页面输入"pip3 install torch torchvision torchaudio"，即可自动安装与当前操作系统相符的最新版本的PyTorch。通过官网直接安装时如出现网络中断或速度过慢等问题，还可以选择从镜像网址安装。例如，输入命令"pip install torch torchvision torchaudio-i https://pypi.tuna.tsinghua.edu"就可以从清华大学的镜像网站(见图 A-3)进行安装。一般来说，通过镜像网址安装的速度会比直接通过官网(见图 A-4)安装的速度更快。

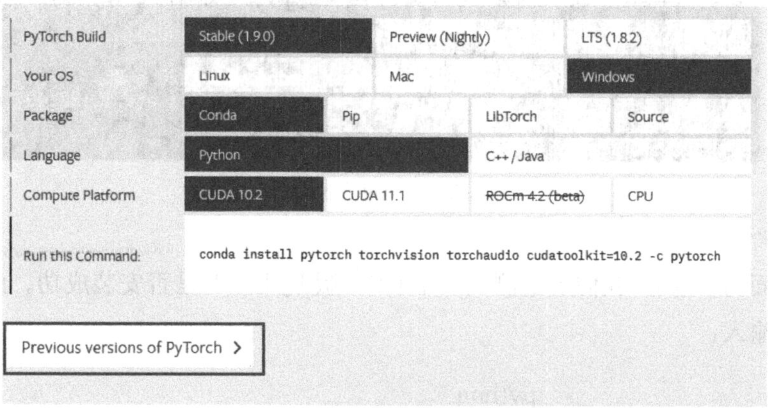
PyTorch Build
Stable (1.9.0)
Preview (Nightly)
LTS (1.8.2)
Your OS
Linux
Mac
Windows
Package
Conda
Pip
LibTorch
Source
Language
Python
C++ / Java
Compute Platform
CUDA 10.2
CUDA 11.1
ROCm 4.2 (beta)
CPU
Run this Command:
conda install pytorch torchvision torchaudio cudatoolkit=10.2 -c pytorch
Previous versions of PyTorch

图 A-1　PyTorch 官网界面

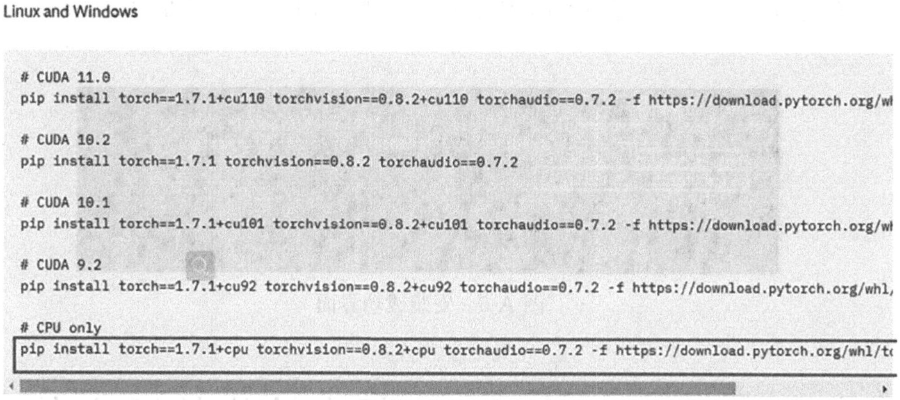
Linux and Windows
CUDA 11.0
pip install torch==1.7.1+cu110 torchvision==0.8.2+cu110 torchaudio==0.7.2 -f https://download.pytorch.org/wh
CUDA 10.2
pip install torch==1.7.1 torchvision==0.8.2 torchaudio==0.7.2
CUDA 10.1
pip install torch==1.7.1+cu101 torchvision==0.8.2+cu101 torchaudio==0.7.2 -f https://download.pytorch.org/wh
CUDA 9.2
pip install torch==1.7.1+cu92 torchvision==0.8.2+cu92 torchaudio==0.7.2 -f https://download.pytorch.org/whl,
CPU only
pip install torch==1.7.1+cpu torchvision==0.8.2+cpu torchaudio==0.7.2 -f https://download.pytorch.org/whl/t

图 A-2　通过 cmd 命令行界面安装

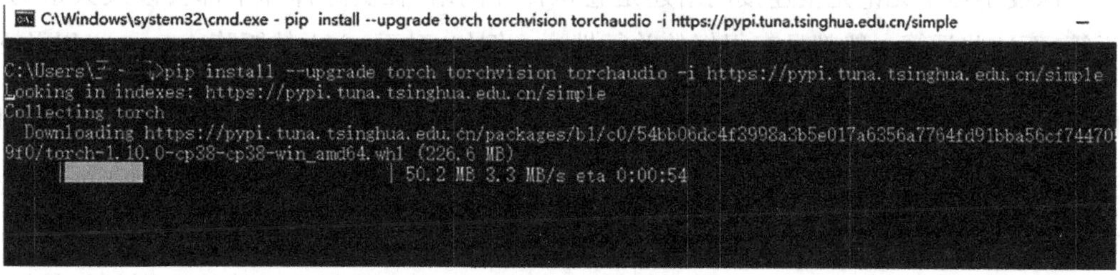
C:\Windows\system32\cmd.exe - pip install --upgrade torch torchvision torchaudio -i https://pypi.tuna.tsinghua.edu.cn/simple
pip install --upgrade torch torchvision torchaudio -i https://pypi.tuna.tsinghua.edu.cn/simple
Looking in indexes: https://pypi.tuna.tsinghua.edu.cn/simple
Collecting torch
Downloading https://pypi.tuna.tsinghua.edu.cn/packages/b1/c0/54bb06dc4f3998a3b5e017a6356a7764fd91bba56cf74470
9f0/torch-1.10.0-cp38-cp38-win_amd64.whl (226.6 MB)
| 50.2 MB 3.3 MB/s eta 0:00:54

图 A-3　通过清华镜像网址安装

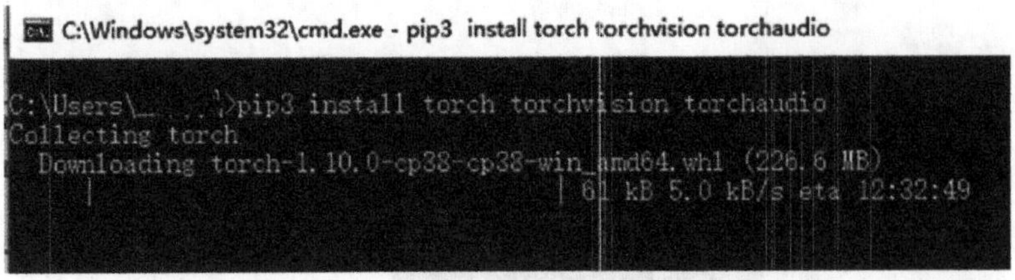
C:\Windows\system32\cmd.exe - pip3 install torch torchvision torchaudio
Collecting torch
Downloading torch-1.10.0-cp38-cp38-win_amd64.whl (226.6 MB)
61 kB 5.0 kB/s eta 12:32:49

图 A-4 通过官网安装

完成上面的步骤后，我们需要测试一下 CPU 版 PyTorch 是否安装成功。此时可以在当前界面依次输入：

```
python
import torch
print(torch._ _version_ _)
```

如果输出为 x. x. x＋cpu 的形式，则说明 CPU 版 PyTorch 安装成功，如图 A-5 所示。

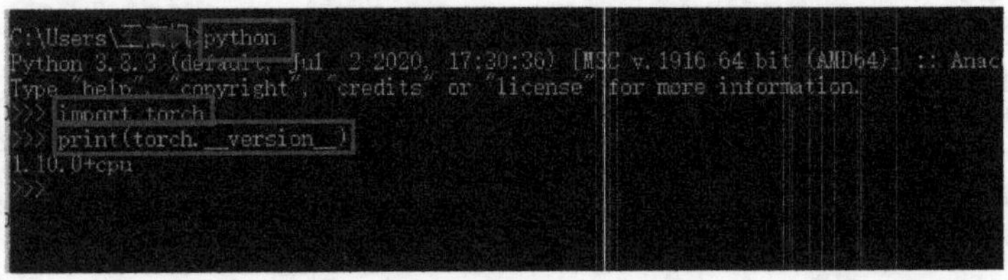
python
Type "help", "copyright", "credits" or "license" for more information.
>>> import torch
>>> print(torch.__version__)
1.10.0+cpu
>>>

图 A-5 安装成功界面

A.2 PyTorch GPU 版本的优势及安装

深度学习中无论是全连接网络还是卷积神经网络，在实际计算中都会涉及大量的矩阵运算，而这些运算一般都具有很好的并行性[2]。例如，对于 $n\times k$ 的矩阵 $\boldsymbol{A}=(a_{i,j})$ 以及 $k\times m$ 的矩阵 $\boldsymbol{B}=(b_{i,j})$，其相应的矩阵乘法可表示为 $\boldsymbol{C}=\boldsymbol{A}\times\boldsymbol{B}$，其中 $c_{i,j}=\sum_{r=1}^{k}a_{i,r}b_{r,j}$。从中可以明显看出 $\boldsymbol{C}$ 中的每个元素的计算没有关联性，因此可以同时并行运算，即矩阵 $\boldsymbol{C}$ 中的每一个元素可以同时计算得出。

由于 CPU 的每个运算核心都是高性能单元，而 GPU 的每个运算核心则仅仅是拥有简单计算能力的单元，因此 GPU 可以集成更多的核心。我们可以通过图 A-6 来直观理解 CPU 和 GPU 这两种计算硬件的构造。其中的每个方格可以看成一个计算单元，方格的大小可以看成计算单元算力的大小。由于神经网络在计算时，仅仅进行简单而重复的矩阵计算，并不需要复杂的计算，而拥有更多核心的 GPU 具有更强大的并行运算能力，所以更加有利于提高深度学习的计算速度。

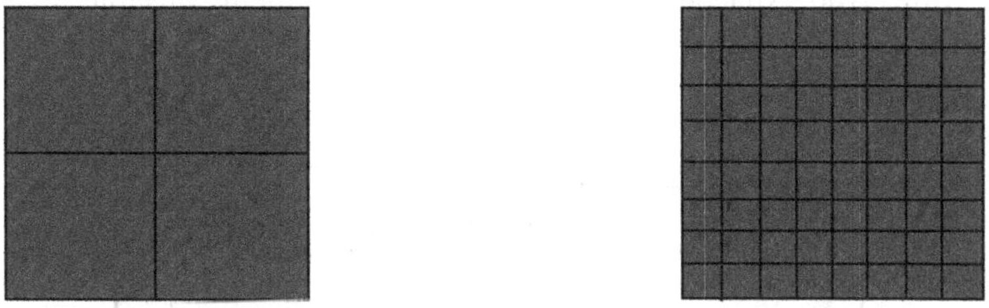

(a)CPU 计算单元　　　　(b)GPU 计算单元

图 A-6　CPU 和 GPU 的单元结构

安装 GPU 版本的深度学习开发框架时，要求电脑至少要有一块英伟达(NVIDIA)的独立显卡。CUDA(统一计算设备架构)是显卡厂商 NVIDIA 推出的运算平台，它是一种通用的并行计算架构。该架构能够帮助 GPU 高效地解决复杂计算问题。NVIDIA cuDNN 是用于深度神经网络的 GPU 加速库，它强调性能、易用性和低内存开销。NVIDIA cuDNN 可以集成到很多深度学习框架中，如谷歌的 TensorFlow 和 Facebook 的 PyTorch 等。简单的插入式设计可以让开发人员专注于设计和实现神经网络模型，而不是简单调整性能，同时还可以在 GPU 上实现高性能并行计算。

安装和配置 CUDA 和 cuDNN 后，就可以使用 GPU 进行深度计算了。然而，为了避免复杂的安装步骤以及高效地进行配置管理，下面我们介绍一个有用的工具——Anaconda。Anaconda 是包管理器和环境管理器，附带一大批常用数据科学包。利用 Anaconda 可以很方便地管理我们的开发环境。

A.2.1　Anaconda 的安装

Anaconda 的安装步骤如下：首先我们进入 Anaconda 的官网(https://www.anaconda.com/products/individual)，点击右边的“Download”即可下载(见图 A-7)。

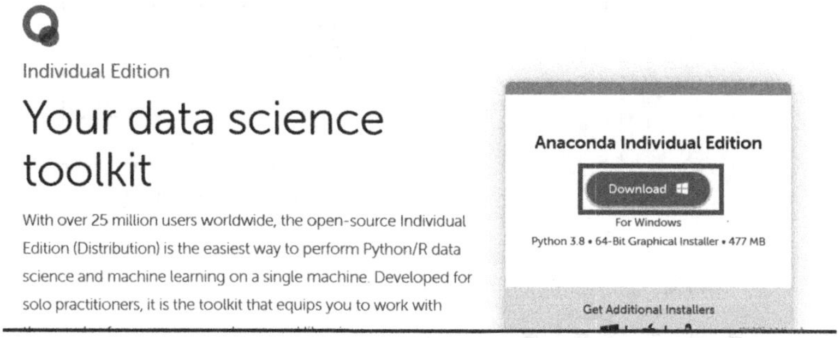

图 A-7　Anaconda 官网界面

然后，以管理员身份运行安装 Anaconda，安装过程一路默认就可以。但是需要注意的是，一开始要点击"Add Anacoda to my PATH environment variable"，即"添加环境变量"(见图 A-8)。

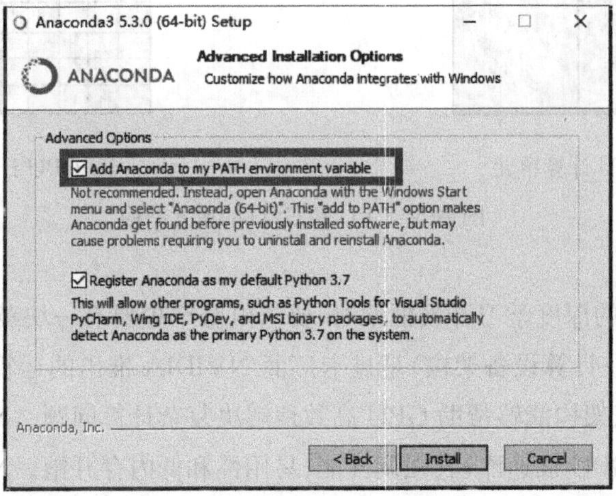

图 A-8　点击添加环境变量

接下来，点击"Anaconda"，即可进入 Anaconda 界面。Anaconda 的初始化环境是"base"，为了更好地对环境进行管理，我们依然建议读者依据自己的需要创建个性化环境。我们可以通过点击界面左上角的"Environments"进入环境管理界面，然后点击左下角的"Create"图标，新建一个环境并对其命名，同时选择一个 Python 版本作为启动基础(考虑兼容性，推荐 3.6 版本或是 3.7 版本)，如图 A-9 所示。

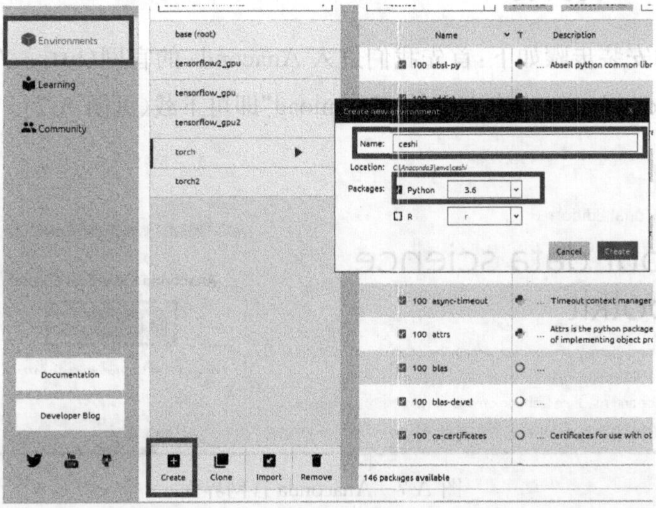

图 A-9　创建一个新的开发环境

等待片刻，就可以在环境列表里找到新创建的环境（见图 A-10）。其中右边的列表显示的是当前环境下已经安装的包和驱动。

在 Windows 操作系统中，不需要每次都启动 Anaconda 界面，可以通过“开始”菜单中的“Anaconda Prompt”打开命令行界面（见图 A-11）。

在命令行界面输入“conda activate ×××”切换到相应的×××环境，我们可以在此环境中运行 Python 文件。另外，也可以通过命令对已有的环境进行管理以及创建新环境。对于其他相关命令，读者可以自行在网上查询。

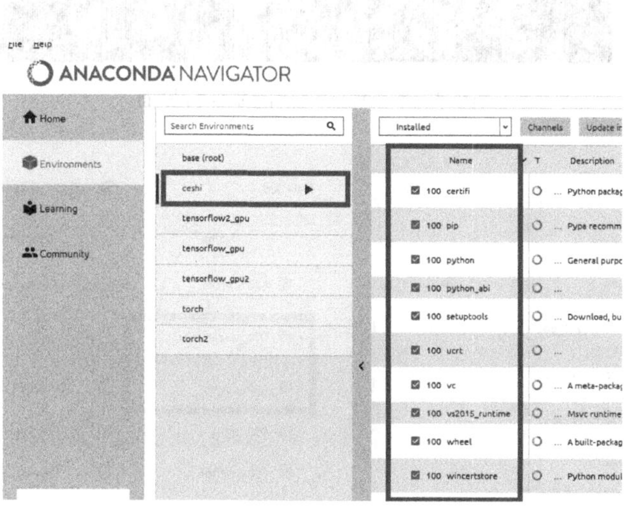

图 A-10 新的开发环境和其中已有的安装包

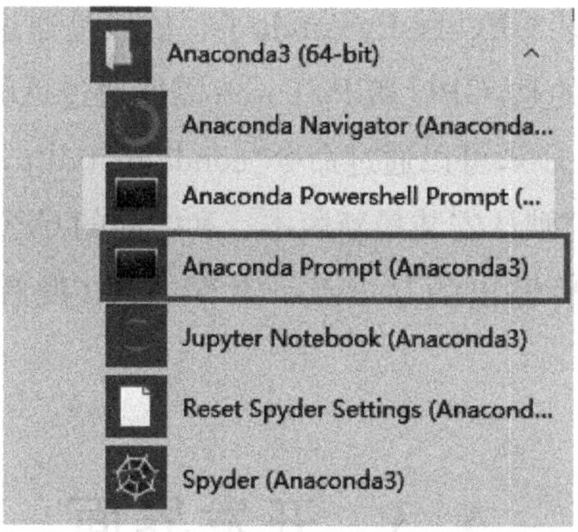

图 A-11 点击“Anaconda Prompt”打开 Anaconda 的命令行界面

A.2.2 PyTorch GPU 版本的安装

我们在创建的环境中点击三角号，并选择“Open Terminal”，打开命令行界面（见图 A-12），分别输入以下命令：

conda install-c anaconda cudatoolkit

conda install-c anaconda cudnn

稍等片刻之后，即可在环境的安装包内找到 cudatoolkit 和 cudnn(见图 A-13)，这表示这两个基本驱动已经安装成功。

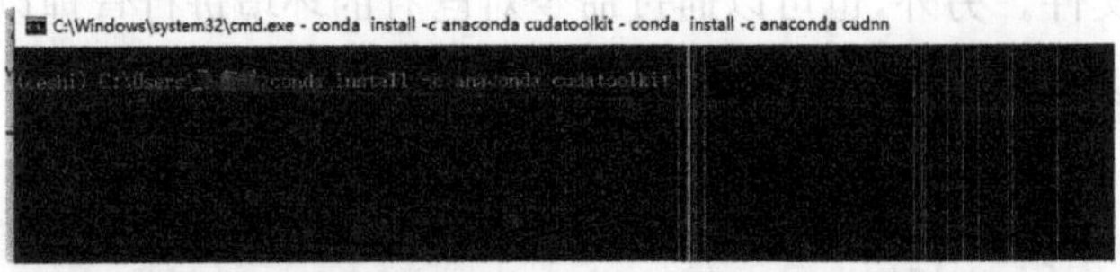

图 A-12 Anaconda 的命令行界面

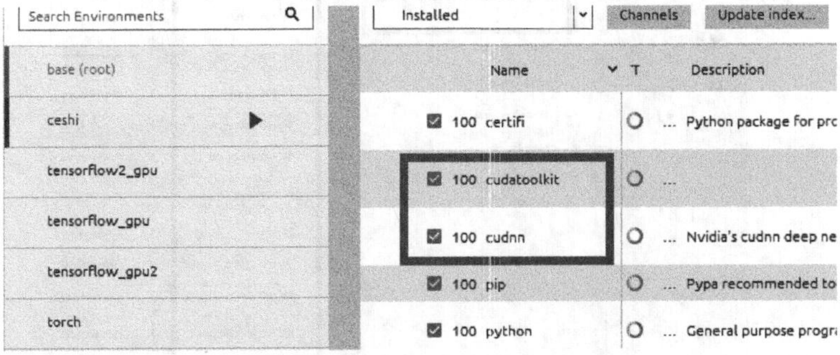

图 A-13 安装成功的 cudatoolkit 和 cudnn

接下来，我们就可以安装 GPU 版 PyTorch 了。依然是通过官网，选择自己所需版本的安装命令。与 CPU 版不同的是，GPU 版 PyTorch 需要通过 Anaconda 的命令行界面进行安装。假设 Anaconda 版本是 x. x，可以通过命令“conda install pytorch torchvision torchaudio cudatoolkit＝x. x-c pytorch”默认安装最新版本。和之前的 CPU 版本一样，还需要进行相同的安装结果测试。如果最后输出的是 PyTorch 版本号(没有“＋cpu”)，则说明 GPU 版 PyTorch已经安装成功。

A. 3 开发界面

Python 自身是一种解释型脚本语言。虽然官方的 Python 安装程序会附带简易的开发界面，但是要想实现更高效的开发，依然需要选择一个专业的开发界面。限于篇幅，本书仅详细介绍PyCharm的安装和使用，读者也可以根据自己的喜好选择其他的开发界面(如 Spyder，Jupyter notebooks，Visual Studio 等)。

A.3.1　PyCharm 的安装和使用

首先，进入 PyCharm 的官网（https://www.jetbrains.com/pycharm/download/#section=windows）选择适合系统的版本，点击“Download”。安装过程中仅需要一路默认就可以。

接下来，我们就可以通过 PyCharm 来编写 Python 程序，有两种途径：一是选择在 PyCharm界面新建 Python 文件，二是利用 PyCharm 打开一个已存在的 Python 文件进行编辑。

注意：一般需要通过“File”→“Create Project”来创建一个新的环境。在创建新环境的时候，我们需要确定 Python 的版本号，PyCharm 会自动在当前环境中安装对应版本的 Python，如图 A-14 所示。

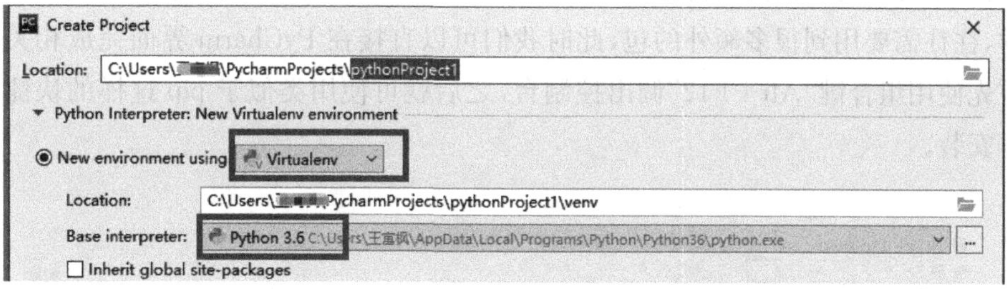

图 A-14　用 PyCharm 新建一个环境

当然，如果需要使用一个已经存在的环境，可以从 Anaconda 或者 Pipenv 中导入已有的环境，如图 A-15 所示。

图 A-15　通过选择列表导入已有的环境

一旦确定环境后，就可以通过右键打开当前环境下的文件夹，然后通过“New”→“Python File”在当前环境的文件夹内新建一个 Python 文件，如图 A-16 所示。

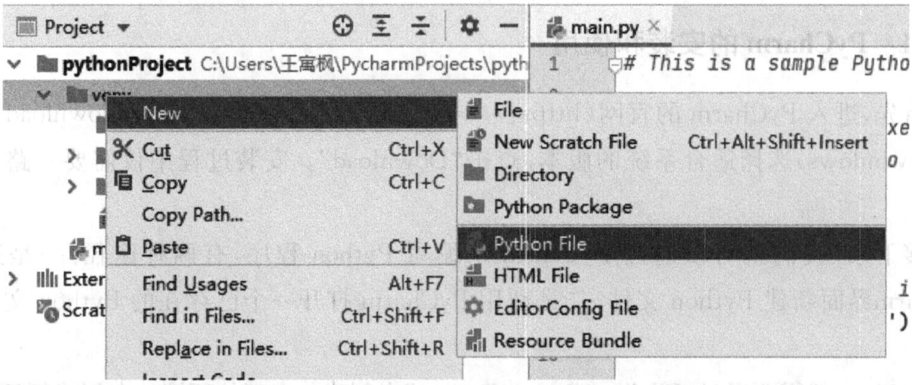

图 A-16 通过 PyCharm 新建一个 Python 文件

当我们想运行当前文件夹内的某个 Python 文件时，只需要在目标文件上方单击运行图标，即可在下方的对话框内获得运行结果，如图 A-17 所示。值得注意的是，我们在编写程序的时候，往往需要用到很多额外的包，此时我们可以直接在 PyCharm 界面完成相关包的安装。首先使用组合键“Alt＋F12”调出控制台，之后就可使用类似于 pip 这样的快捷安装命令进行安装。

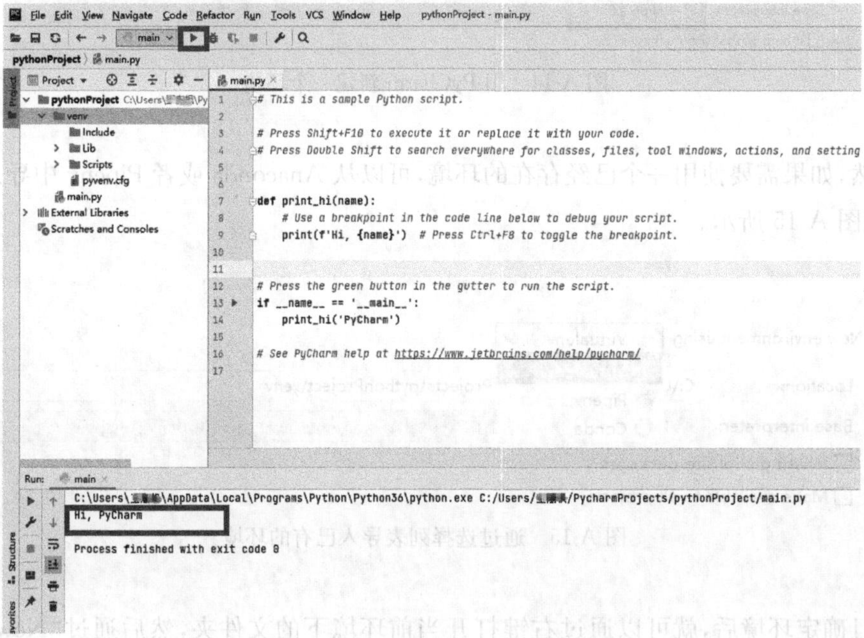

图 A-17 在 PyCharm 中运行 Python 文件

参考文献

[1] PASZKE A, GROSS S, MASSA F, et al. PyTorch: an imperative style, high-performance deep learning library [C]. In Neural Information Processing Systems (NIPS), 2019.

[2] MADIAJAGAN M, RAJ S. Parallel computing, graphics processing unit (GPU) and new hardware for deep learning in computational intelligence research[M]. New York: Academic Press, 2019.

附录 B 神经网络

B.1 全连接网络与反向传播算法

神经网络的本质是一种特殊的嵌套函数，其结构可以用图来表示。从 20 世纪 80—90 年代至今，为了适应不同的任务，神经网络的结构变得愈发复杂，但是究其根本，仍是由若干简单网络经过嵌套叠加形成的。

B.1.1 全连接网络

我们首先从一个简单的两层网络入手，其可以用如下数学表达式表示：

$$\begin{aligned} \boldsymbol{x}^1 &= h^1(\boldsymbol{x}) = \boldsymbol{W}^1\boldsymbol{x} + \boldsymbol{b}^1, \quad \boldsymbol{z}^1 = \sigma^1(\boldsymbol{x}^1) \\ \boldsymbol{x}^2 &= h^2(\boldsymbol{z}^1) = \boldsymbol{W}^2\boldsymbol{z}^1 + \boldsymbol{b}^2, \quad \boldsymbol{z}^2 = \sigma^2(\boldsymbol{x}^2) \end{aligned} \tag{B-1}$$

其中，上标为网络的层数，$\boldsymbol{W}$ 为网络权重矩阵，$\boldsymbol{b}$ 为偏置向量，h 对应的隐藏层，σ 为激活函数(activation function)。注意：当激活函数作用于向量时，需要分别作用于每个元素，即激活函数 σ 将向量 $\boldsymbol{x}$ 的每个元素 x_i 映射为 $\sigma(x_i)$。激活函数的选择不是随意的，需要兼顾计算的简便性和稳定性。图 B-1 给出了三种常见的激活函数。

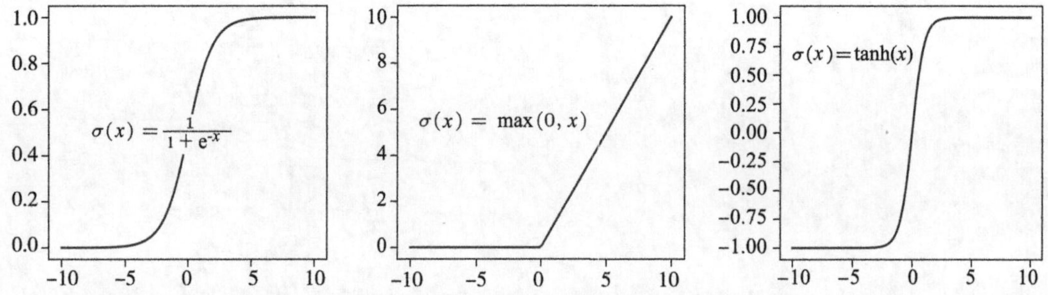

(a) Sigmoid 函数　(b) ReLU 函数　(c) Tanh 函数

图 B-1　三种常见的激活函数

(1)Sigmoid 激活函数。如图 B-1(a)所示,Sigmoid 函数的定义式为

$$\sigma(x)=\mathrm{sigmoid}(x)=\frac{1}{1+\mathrm{e}^{-x}} \tag{B-2}$$

其将输入压缩至(0,1),且输入越小越接近 0,反之接近 1。这与生物神经元对某些输入产生兴奋、对某些输入则产生抑制的特点是一致的。特别地,由于 sigmoid(x)的值域属于(0,1),故常被用于神经网络的输出单元来生成概率分布。Sigmoid 激活函数的梯度为

$$\sigma'(x)=\frac{-\mathrm{e}^{-x}}{(1+\mathrm{e}^{-x})^2}=\sigma(x)(1-\sigma(x)) \tag{B-3}$$

显然,当输入 x 过大或者过小时,其导数趋于 0,此时如果用梯度下降算法,会因为梯度消失而导致收敛变慢。

(2)ReLU 激活函数。如图 B-1(b)所示,ReLU 函数的定义式为

$$\sigma(x)=\max(0,x) \tag{B-4}$$

由于 ReLU 函数与线性函数非常相似,因此在计算上相当高效。另外,ReLU 函数也符合生物学中的单侧抑制、宽兴奋边界的原理。对于 ReLU 函数的导数,当 $x<0$ 时导数值为 0,当 $x>0$ 时导数值为 1,这在一定程度上有助于缓解梯度消失的问题,并加快收敛速度。但是,ReLU 函数的单侧抑制特点过于强烈,在实际应用中,有可能导致某个神经元一直处于未激活状态。

(3)Tanh 激活函数。如图 B-1(c)所示,Tanh 函数的定义式为

$$\sigma(x)=\tanh(x)=\frac{\mathrm{e}^{x}-\mathrm{e}^{-x}}{\mathrm{e}^{x}+\mathrm{e}^{-x}} \tag{B-5}$$

Tanh 函数可以看作放大并且平移的 Sigmoid 函数,其值域为(−1,1),导数为

$$\sigma'(x)=1-\sigma^2(x) \tag{B-6}$$

尽管 Tanh 函数与 Sigmoid 函数非常类似,但是由于 Tanh 函数更接近恒等函数,所以用于网络训练时会比Sigmoid函数的效率高一些。

Sigmoid,ReLU 和 Tanh 这些激活函数都是非线性的。引入这些激活函数后,整个神经网络相当于一个非线性映射,这将有助于提高网络的拟合能力和特征提取能力。如果不使用任何激活函数,即令 $\boldsymbol{z}^i=\boldsymbol{x}^i$,则式(B-1)可以化简为

$$h^2(h^1(\boldsymbol{x}))=\boldsymbol{W}^2(\boldsymbol{W}^1\boldsymbol{x}+\boldsymbol{b}^1)+\boldsymbol{b}^2=(\boldsymbol{W}^2\boldsymbol{W}^1)\boldsymbol{x}+(\boldsymbol{W}^2\boldsymbol{b}^1+\boldsymbol{b}^2) \tag{B-7}$$

令 $\boldsymbol{W}=\boldsymbol{W}^2\boldsymbol{W}^1$,$\boldsymbol{b}=\boldsymbol{W}^2\boldsymbol{b}^1+\boldsymbol{b}^2$,则

$$h^2(h^1(\boldsymbol{x}))=\boldsymbol{W}\boldsymbol{x}+\boldsymbol{b} \tag{B-8}$$

这表明,如果不使用激活函数,一个多层网络就会退化为一个单层网络,深度神经网络也就失去了存在的意义。

有了上面的基础,接下来我们建立如下多层神经网络:

$$x^l = h^l(z^{l-1}) = W^l z^{l-1} + b^l, \quad i=1,2,\cdots,L$$
$$z^l = \sigma^l(x^l) \in \mathbb{R}^{d^l}, \quad i=1,2,\cdots,L \tag{B-9}$$

其中初始向量 $z^0 = x^0 = x \in \mathbb{R}^d$，第 $l-1$ 层到第 l 层的网络权重为 $W^l \in \mathbb{R}^{d^l \times d^{l-1}}$，第 l 层的偏置 $b^l \in \mathbb{R}^{d^l}$。第 l 层的神经网络示意图如图 B-2 所示。

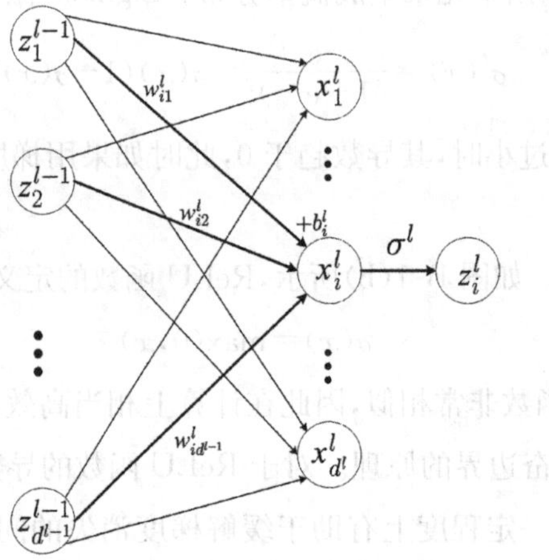

图 B-2 第 l 层的神经网络示意图

整个神经网络可表示为一个由“隐藏层＋激活函数”构成的特殊嵌套映射 $f_\theta: x \to z^L$：

$$z^L = f(x) = \sigma^L \circ h^L \circ \cdots \circ \sigma^1 \circ h^1(x) \tag{B-10}$$

其中 θ 代表所有的权重参数和偏置参数。

B.1.2 反向传播算法

前面我们介绍了 L 层的全连接网络的定义。当使用神经网络进行数据分析时，最后不可避免地需要求解相应的优化目标，优化目标中的待确定参数就是神经网络的所有权重和偏置，网络越大（深度和宽度），待求的参数就越多。当采用梯度下降法求解时，如果每次迭代都需要计算每个参数的导数，计算量会极其庞大。

注意到神经网络特殊的嵌套结构，根据导数的链式法则，可以先计算最后一层参数的导数，然后将计算结果应用到前一层参数的求导中，以此类推，直到第一层，从而可大大节省计算量。这就是经典的反向传播算法的思路。

接下来我们将具体推导反向传播算法的计算公式。不失一般性，设优化目标为 $\min\limits_{\theta} \mathcal{L}$，其中 $\theta = \{W^l, b^l\}_{l=1}^{L}$。注意：第 l 层上关于权重和偏置的梯度分别为

$$\nabla_{\boldsymbol{W}^l}\mathcal{L}=\begin{bmatrix}\frac{\partial\mathcal{L}}{\partial w_{11}^l} & \frac{\partial\mathcal{L}}{\partial w_{12}^l} & \cdots & \frac{\partial\mathcal{L}}{\partial w_{1d^{l-1}}^l}\\ \frac{\partial\mathcal{L}}{\partial w_{21}^l} & \frac{\partial\mathcal{L}}{\partial w_{22}^l} & \cdots & \frac{\partial\mathcal{L}}{\partial w_{2d^{l-1}}^l}\\ \vdots & \vdots & \ddots & \vdots\\ \frac{\partial\mathcal{L}}{\partial w_{d^l1}^l} & \frac{\partial\mathcal{L}}{\partial w_{d^l2}^l} & \cdots & \frac{\partial\mathcal{L}}{\partial w_{d^ld^{l-1}}^l}\end{bmatrix}$$

$$\nabla_{b^l}\mathcal{L}=\left[\frac{\partial\mathcal{L}}{\partial b_1^l},\quad\frac{\partial\mathcal{L}}{\partial b_2^l},\quad\cdots\quad\frac{\partial\mathcal{L}}{\partial b_{d^l}^l}\right]^{\mathrm{T}}$$

对于任意的 w_{ij}，b_i，由导数的链式法则可知

$$\frac{\partial\mathcal{L}}{\partial w_{ij}^l}=\sum_{k=1}^{d^l}\frac{\partial\mathcal{L}}{\partial z_k^l}\frac{\partial z_k^l}{\partial w_{ij}^l},\quad\frac{\partial\mathcal{L}}{\partial b_i^l}=\sum_{k=1}^{d^l}\frac{\partial\mathcal{L}}{\partial z_k^l}\frac{\partial z_k^l}{\partial b_i^l}\tag{B-11}$$

首先，我们化简$\frac{\partial z_k^l}{\partial w_{ij}^l}$，$\frac{\partial z_k^l}{\partial b_i^l}$，$k=1,2,\cdots,d^l$，之后再考察$\frac{\partial\mathcal{L}}{\partial z_k^l}$。

因为

$$z_k^l=\sigma^l(x_k^l)=\sigma^l\left(\sum_{j=1}^{d^{l-1}}w_{kj}^lz_j^{l-1}+b_k^l\right)\tag{B-12}$$

则有

$$\frac{\partial z_k^l}{\partial w_{ij}^l}=\begin{cases}0, & i\neq k,\\ \sigma'^l(x_i^l)z_j^{l-1}, & i=k\end{cases}$$

$$\frac{\partial z_k^l}{\partial b_i^l}=\begin{cases}0, & i\neq k,\\ \sigma'^l(x_i^l), & i=k\end{cases}\tag{B-13}$$

故

$$\frac{\partial\mathcal{L}}{\partial w_{ij}^l}=\frac{\partial\mathcal{L}}{\partial z_i^l}\frac{\partial z_i^l}{\partial w_{ij}^l},\quad\frac{\partial\mathcal{L}}{\partial b_i^l}=\frac{\partial\mathcal{L}}{\partial z_i^l}\frac{\partial z_i^l}{\partial b_i^l}\tag{B-14}$$

可以进一步写成向量形式：

$$\nabla_{\boldsymbol{W}^l}\mathcal{L}=\boldsymbol{D}^l(\nabla_{z^l}\mathcal{L})(\boldsymbol{z}^{l-1})^{\mathrm{T}},\quad\nabla_{b^l}\mathcal{L}=\boldsymbol{D}^l(\nabla_{z^l}\mathcal{L}),\tag{B-15}$$

其中

$$\boldsymbol{D}^l:=\begin{bmatrix}\sigma'^l(x_1^l) & \cdots & 0\\ \vdots & \ddots & \vdots\\ 0 & \cdots & \sigma'^l(x_{d^l}^l)\end{bmatrix}\tag{B-16}$$

现在，我们只剩下$\nabla_{z^l}\mathcal{L}$亟待解决。同样地，由链式法则得

$$\frac{\partial\mathcal{L}}{\partial z_j^{l-1}}=\sum_{k=1}^{d^l}\frac{\partial\mathcal{L}}{\partial z_k^l}\frac{\partial z_k^l}{\partial z_j^{l-1}}\tag{B-17}$$

结合公式(B-12)可知

$$\frac{\partial z_k^l}{\partial z_j^{l-1}}=\sigma'(x_k)w_{kj}^l \tag{B-18}$$

故

$$\nabla_{z^{l-1}}\mathcal{L}=(\boldsymbol{W}^l)^{\mathrm{T}}\boldsymbol{D}^l(\nabla_{z^l}\mathcal{L}) \tag{B-19}$$

因为最后一层的$\nabla_{z^l}\mathcal{L}$可以通过损失函数直接求得，由式(B-15)和式(B-19)我们可得到一个反向的层层递推的梯度计算方法。

反向传播算法(算法 1)单次训练单样本的流程如下：

输入：样本 $\boldsymbol{x}$，目标 $\boldsymbol{y}$。

1. 令 $\boldsymbol{z}^0=\boldsymbol{x}$；
2. for $l=1,2,\cdots,L$ do

$$\boldsymbol{x}^l=h^l(\boldsymbol{z}^{l-1})=\boldsymbol{W}^l\boldsymbol{z}^{l-1}+\boldsymbol{b}^l,\quad \boldsymbol{z}^l=\sigma^l(\boldsymbol{x}^l);$$

3. 计算损失$\mathcal{L}(\boldsymbol{z}^L,\boldsymbol{y})$；
4. 计算梯度$\nabla_{z^l}\mathcal{L}$；
5. for $l=L,L-1,\cdots,1$ do

$$\nabla_{W^l}\mathcal{L}=\boldsymbol{D}^l(\nabla_{z^l}\mathcal{L})(\boldsymbol{z}^{l-1})^{\mathrm{T}},\quad \nabla_{b^l}\mathcal{L}=\boldsymbol{D}^l(\nabla_{z^l}\mathcal{L}),\nabla_{z^{l-1}}\mathcal{L}=(\boldsymbol{W}^l)^{\mathrm{T}}\boldsymbol{D}^l(\nabla_{z^l}\mathcal{L});$$

6. 利用梯度下降方法更新参数 $\boldsymbol{W}^l,\boldsymbol{b}^l,l=1,2,\cdots,L$。

B.2 卷积神经网络

卷积神经网络是受生物学上感受野的机制启发而提出的，其核心思想是权重共享、有限感受野。相比于普通的全连接网络，卷积神经网络能够在参数更少的前提下，提取到更好的局部特征表示。早在 1989 年，Yann LeCun 等人[1]便提出了用于手写数字识别的卷积神经网络 LeNet。在 2012 年的 ImageNet 竞赛上，由 Krizhevsky 等人[2]提出的 AlexNet，一举超越众多传统的机器学习算法，从而掀起了一股深度学习的热潮[3]。

本节首先介绍卷积神经网络中的两个基本要素——卷积和滤波，然后再单独介绍卷积层的概念，最后介绍若干经典的网络结构。

关于卷积神经网络的研究可谓众多，作为附录中的一部分，在这里我们只是给读者传递一些基本的概念。想要真正理解这部分内容，除了进行必要的编程练习，读者还需要自行参阅相关的文献。

B.2.1 卷积与滤波

首先我们从一维卷积入手。对于数据 $\boldsymbol{x}\in\mathbb{R}^n$，令卷积核 $\boldsymbol{w}\in\mathbb{R}^m$，$m>1$，则二者之间的(窄)卷积定义为

$$[\boldsymbol{w}\star\boldsymbol{x}]_u=\sum_{i=1}^{m}w_i x_{u-i},\quad u=m,\cdots,n \tag{B-20}$$

上述卷积可以形象地理解为将 $\boldsymbol{w}$ 翻转 180°后，沿着 $\boldsymbol{x}$ 滑动，对应元素相乘再相加的结果。可以发现，经式(B-20)卷积后的序列元素的编号是从 m 开始的，当 $m>1$ 时，序列长度 $n-m+1<n$，这正是窄卷积名称的由来。图 B-3(a)中展示了一维(窄)卷积的简单示例，其中卷积核 $\boldsymbol{w}=[1,-2,1]$，最下层表示一个 9 维的输入，卷积核的维度为 3，每个维度的值分别为 1，−2，1，最上层是根据公式(B-20)计算得到的 7 维输出结果。

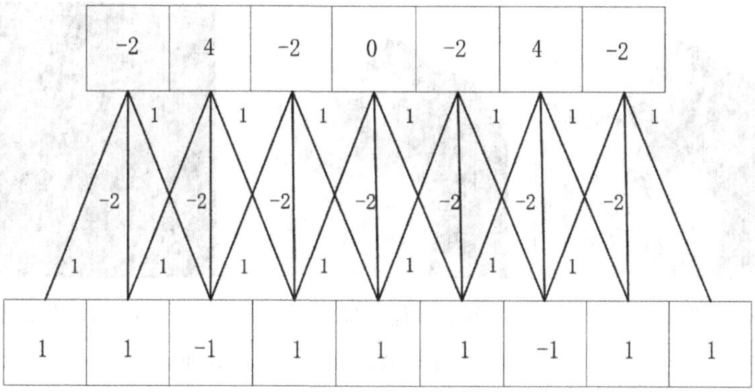

(a) 一维(窄)卷积

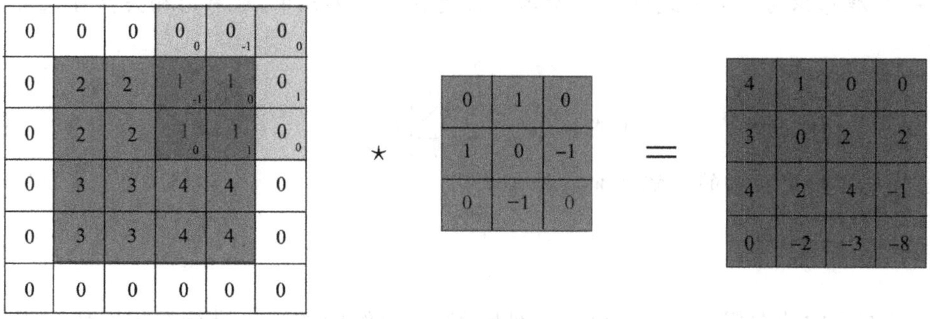

(b) 二维(等宽)卷积

图 B-3 卷积示意图

一种更为常见的卷积是等宽卷积，它需要对 $\boldsymbol{x}$ 左右各补 $(m-1)/2$ 个零，这样使得卷积后得到的序列长度恰为 n。这种卷积通常要求 m 为奇数。

如果对 $\boldsymbol{x}$ 左右两端各补 $m-1$ 个零得到 $\widetilde{\boldsymbol{x}}$，则卷积后的序列长度为 $n+m-1$，此时这种卷

积称为“宽卷积”。宽卷积有一个备受欢迎的性质：

$$\boldsymbol{w} \star \tilde{\boldsymbol{x}} = \boldsymbol{x} \star \tilde{\boldsymbol{w}} \tag{B-21}$$

二维卷积是类似的：

$$[\boldsymbol{w} \star \boldsymbol{x}]_{u,v} = \sum_{i=1}^{k_1} \sum_{j=1}^{k_2} w_{i,j} x_{u-i,v-j} \tag{B-22}$$

我们在图 B-3(b)中展示了二维(等宽)卷积的示例，对于一个 4×4 的输入，卷积核的维度是 3×3，在周边补一圈零后，利用公式($B-22$)可得一个与输入维度相同的 4×4 的输出结果。

在很多文献中，卷积层的卷积核 $\boldsymbol{w}$ 通常被冠以 Filter(即滤波器)之名，这是因为图像的很多滤波操作本质上就是一种卷积操作。图 B-4 分别展示了用 Box 滤波器对图片进行卷积后的模糊效果以及用 Sobel 滤波器对图片进行卷积后得到的边缘信息。滤波或者说卷积的强大之处可见一斑。

(a)原图　(b)Box 滤波器　(c)Sobel 滤波器

图 B-4　使用滤波器对图像进行处理

注：标准卷积的定义如式(B-22)所示。但是在很多文献中，也有用相关操作来表示卷积的，即

$$[\boldsymbol{w} \star \boldsymbol{x}]_{u,v} = \sum_{i=1}^{k_1} \sum_{j=1}^{k_2} w_{i,j} x_{u+i,v+j} \tag{B-23}$$

这相当于将标准定义中的卷积核 $\boldsymbol{w}$ 旋转 180°。

B.2.2　卷积层

神经网络中的卷积层实质上也是一种映射，它对给定的输入进行卷积操作后得到特定形式的输出。不妨设输入 $\boldsymbol{z} \in \mathbb{R}^{C \times H \times W}$，这里 C,H,W 分别表示输入 $\boldsymbol{z}$ 的通道数、长与宽。对于一般的图片数据而言，$C=3$，对应着 RGB 三原色。设卷积核共有 K 个，满足 $\boldsymbol{w}_k \in \mathbb{R}^{C \times k_1 \times k_2}$，$k=1,2,\cdots,K$。第 k 个卷积核作用于输入 $\boldsymbol{z}$ 的结果为

$$\boldsymbol{w}_k \star \boldsymbol{z} = \sum_{c=1}^{C} \boldsymbol{w}_k^c \star \boldsymbol{z}^c \tag{B-24}$$

相当于对每一个通道进行对应的卷积然后再相加，本质上还是二维卷积。

普通的卷积可以看成是卷积核在输入 $\boldsymbol{z}$ 上以步长 1 滑动，然后逐项相乘再相加的过程。为了提高效率，我们可以以步长 s 在输入上进行滑动，即

$$[\boldsymbol{w}_k \star \boldsymbol{x}]_{u,v} = \sum_{i=1}^{k_1}\sum_{j=1}^{k_2} w_{i,j}x_{(u-1)s+i,(v-1)s+j} \tag{B-25}$$

如果此时对于输入的周边补了 p 圈零，则在滑动步长 s 下的卷积输出的维度属于 $\mathbb{R}^{K\times H'\times W'}$，这里

$$H' = \lfloor \frac{H+2p-k_1}{s} \rfloor + 1$$

$$W' = \lfloor \frac{W+2p-k_2}{s} \rfloor + 1 \tag{B-26}$$

其中⌊ · ⌋表示向下取整。

卷积层有限的视野是其一大特点，即输出仅与输入的部分位置有关，强调了数据内部的局部相关性。这也使得卷积层对于图片、视频等全局相关性并不强烈的任务有极好的适应性，但因此也难以直接应用于其他缺乏局部相关性的任务。

B. 2. 3 一些特殊的结构

(1)池化层。池化层[4]类似于卷积层，在输入上滑动。常见的最大池化(max pooling)便是选择区域中的最大值，而平均池化(mean pooling)是选择区域中的平均值。池化层因能够减少参数，降低计算量，在早期的神经网络，如 LeNet，AlexNet 上多有应用。

(2)随机失活(dropout)。Dropout[6]是一种可以有效地防止过拟合的方法。对于任一元素 x，Dropout(x)以指定概率将网络层的输出置为 0。这相当于每一次训练时仅仅训练网络的一部分，从而可有效缓解过拟合现象。

(3)1×1 卷积核。1×1 卷积核是一种特殊的卷积，其通常用于改变特征图的通道数。GoogLeNet[6]的 Inception 模块采用各种型号的 1×1 卷积核用于降低计算量。

(4)归一化(normalization)。为了防止特征分布迁移，Loffe Sergey 等人[7]于 2015 年提出了批量归一化(batch normalization，BN)的方法，即对网络中间层的输出进行标准化：

$$z = \frac{z-\mu}{\sigma} \tag{B-27}$$

其中 μ,σ 分别表示数据的均值和标准差(训练过程中使用当前批次的样本进行估计，而推断过程中使用的是整个的滑动平均估计)。该方法能够有效防止网络崩溃，以及加速网络收敛。

之后，又陆续有层归一化(layer normalization，LN)[8]、实例归一化(instance normalization，IN)[9]、组归一化(group normalization，GN)[10]等各种标准化方法被提出。图 B-5 展示了 4 种不同的标准化方法，其中 N 表示单次训练所用的批量数据的大小。

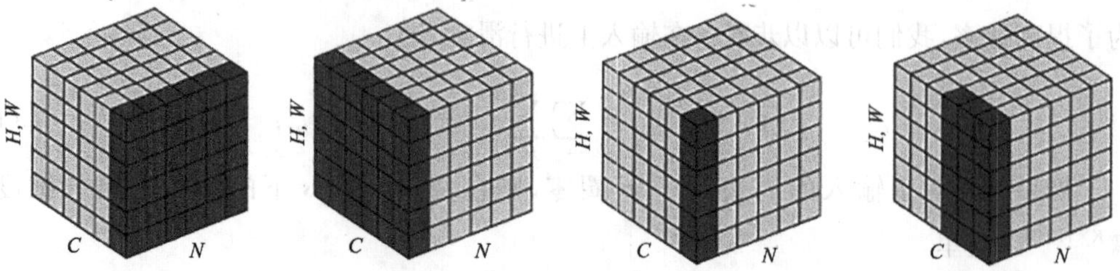

(a)BN (b)LN (c)IN (d)GN

图 B-5 不同的标准化方法[10]

(5)残差连接。残差连接由何凯明[11]于残差网络(ResNet)中提出,通过输入、输出的桥接,使得搭建更深甚至上千层的神经网络成为可能。如今,残差连接已经成为各类网络(不限于卷积神经网络)的必备手段。

最后我们给出两个经典的神经网络框架:AlexNet[2]和 VGG16[12](见图 B-6)。其中不同的阶段对应不同的卷积层组合。可以发现,这些神经网络都是由不同的卷积层、池化层和分类层组合而成的。

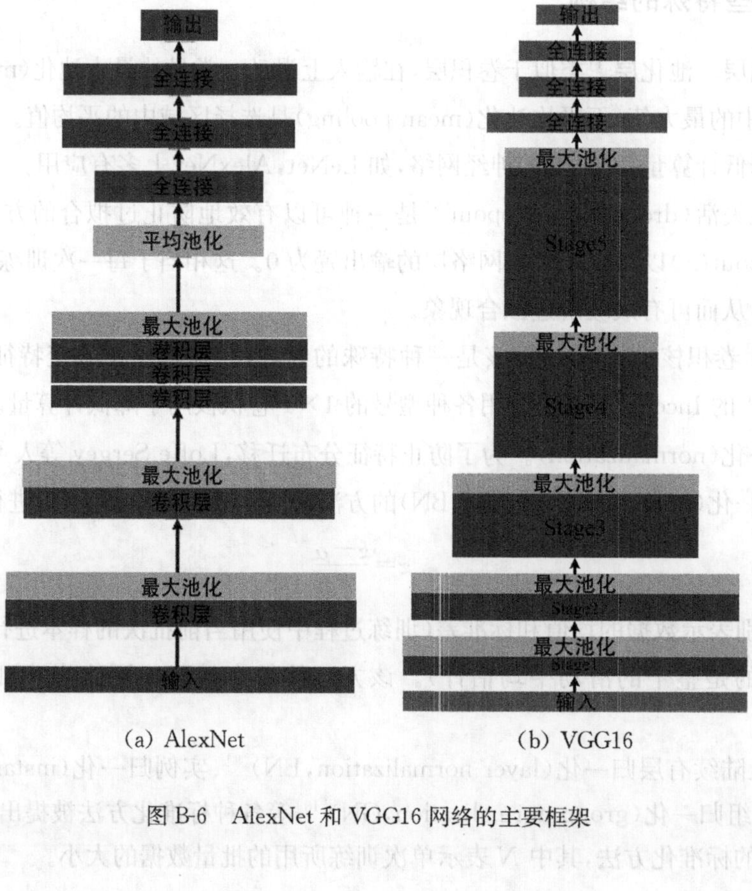

(a) AlexNet (b) VGG16

图 B-6 AlexNet 和 VGG16 网络的主要框架

B.3 循环神经网络

诚然卷积神经网络在图像处理方面具有很好的应用效果，但是其在处理时序数据时性能不够理想。而循环神经网络(recurrent neural network，RNN)拥有独特的记忆单元，能够应对时序数据，对于语言翻译等工作具有很好的效果。

本节首先介绍简单的循环网络，并简要推导出必要的求导公式，再介绍如何将其扩充至复杂的循环网络，最后介绍长短期记忆(long short-term mermory，LSTM)[13]和门控循环单元(gated recurrent unit，GRU)[14]两类循环网络。

B.3.1 简单循环网络

记

$$\begin{aligned}&\boldsymbol{m}_t=\sigma(h(\boldsymbol{x}_t,\boldsymbol{m}_{t-1}))=\sigma(\boldsymbol{U}\boldsymbol{m}_{t-1}+\boldsymbol{W}\boldsymbol{x}_t+\boldsymbol{b})\\&\boldsymbol{z}_t=g(\boldsymbol{m}_t)\end{aligned} \tag{B-28}$$

这里 σ, h 相当于多层全连接网络中的一层，但是需要注意的是，σ, h 与时序 t 无关，这意味着不同的时序共享参数 $\boldsymbol{U}$,$\boldsymbol{W}$。而 $\boldsymbol{m}_t$ 是循环网络中的记忆单元，其记录了用于下一次处理的历史信息。通过映射 g 得到中间的输出 $\boldsymbol{z}_t$。对于不同的任务，映射 g 和输出$\boldsymbol{z}$有着不同的处理方式。例如，在序列标注任务中，$\boldsymbol{x}_t(t=1,2,\cdots,T)$为词序列，而我们希望 $\boldsymbol{z}_t$ 能够给出相应的词性，如动词、名词等，此时 g 可以是一个多层全连接网络。

对于不同的任务，循环神经网络的流程略有不同。鉴于篇幅原因，此处我们仅列举序列到序列的结构[见图 B-7(b)]，该结构可以比较方便地对参数求导。

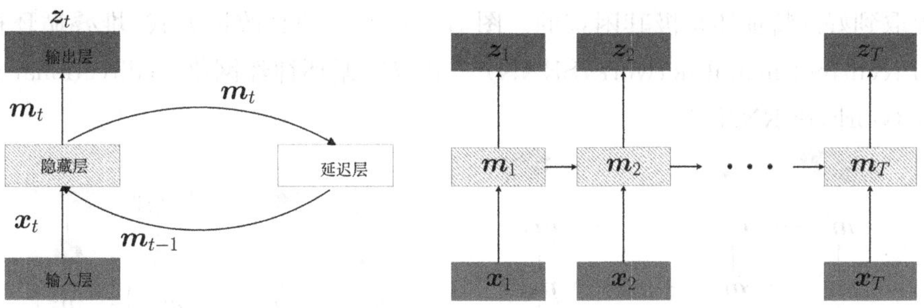

(a)一次时序处理 (b)多次时序处理

图 B-7 简单循环网络流程示意图

序列到序列的 RNN 中，每一个中间输出 $\boldsymbol{z}_t$ 对应的损失函数有如下形式：

$$\mathcal{L}_t(\boldsymbol{z}_t,\boldsymbol{y}_t),\quad t=1,2,\cdots,T \tag{B-29}$$

其中 $\boldsymbol{y}_t$ 为目标输出值。于是关于待求网络参数 $\boldsymbol{U}$,$\boldsymbol{W}$ 以及 $\boldsymbol{b}$ 的梯度可分别记为

$$\sum_{i=1}^{T} \nabla_U \mathcal{L}_t,\quad \sum_{i=1}^{T} \nabla_W \mathcal{L}_t,\quad \sum_{i=1}^{T} \nabla_b \mathcal{L}_t \tag{B-30}$$

鉴于前面已经推导过多层全连接网络的梯度计算过程，故假设$\nabla_{m_t}\mathcal{L}_t$已知。注意到

$$\begin{aligned}
\mathrm{d}\boldsymbol{m}_k &= \mathrm{d}\sigma(h(\boldsymbol{x}_k,\boldsymbol{m}_{k-1}))\\
&= \boldsymbol{D}^k \mathrm{d}h(\boldsymbol{x}_k,\boldsymbol{m}_{k-1})\\
&= \boldsymbol{D}^k \mathrm{d}\{\boldsymbol{U}\boldsymbol{m}_{k-1}+\boldsymbol{W}\boldsymbol{x}_k+\boldsymbol{b}\}\\
&= \boldsymbol{D}^k[(\mathrm{d}\boldsymbol{U})\boldsymbol{m}_{k-1}+(\mathrm{d}\boldsymbol{W})\boldsymbol{x}_k+\mathrm{d}\boldsymbol{b}]+\boldsymbol{D}^k\boldsymbol{U}\mathrm{d}\boldsymbol{m}_{k-1}
\end{aligned} \tag{B-31}$$

其中

$$\boldsymbol{D}^k=\begin{bmatrix}\sigma'(h_0(\boldsymbol{x}_k,\boldsymbol{m}_{k-1})) & \cdots & 0\\ \vdots & \ddots & \vdots\\ 0 & \cdots & \sigma'(h_{d-1}(\boldsymbol{x}_k,\boldsymbol{m}_{k-1}))\end{bmatrix}$$

于是

$$\begin{aligned}
\nabla_U\mathcal{L}_t &= \sum_{k=1}^{t}\boldsymbol{D}^k(\nabla_{m_k}\mathcal{L}_t)\boldsymbol{m}_{k-1}^{\mathrm{T}}\\
\nabla_W\mathcal{L}_t &= \sum_{k=1}^{t}\boldsymbol{D}^k(\nabla_{m_k}\mathcal{L}_t)\boldsymbol{m}_{k}^{\mathrm{T}}\\
\nabla_b\mathcal{L}_t &= \sum_{k=1}^{t}\boldsymbol{D}^k(\nabla_{m_k}\mathcal{L}_t)\\
\nabla_{m_{k-1}}\mathcal{L}_t &= \boldsymbol{U}^{\mathrm{T}}\boldsymbol{D}^k(\nabla_{m_k}\mathcal{L}_t)=\left[\prod_{\tau=k}^{t}\boldsymbol{U}^{\mathrm{T}}\boldsymbol{D}^{\tau}\right]\nabla_{m_k}\mathcal{L}_t
\end{aligned} \tag{B-32}$$

B.3.2 复杂循环神经网络

尽管随着 T 的增加，简单的 RNN 可以视为逐步加深的多级网络，但是仅凭单层的映射 h 就想提取到好的特征还是极其困难的。图 B-8 展示了两种改进方式：堆叠循环神经网络(stacked recurrent neural network，SRNN)[15]和双向循环神经网络(bidirectional recurrent neural network，Bi-RNN)[16]。

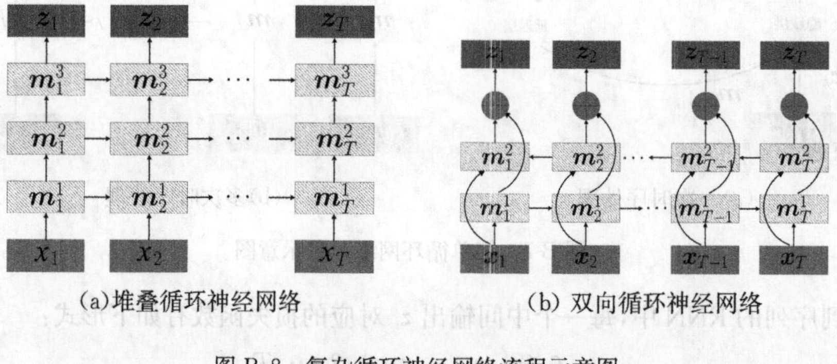

(a)堆叠循环神经网络　　(b) 双向循环神经网络

图 B-8　复杂循环神经网络流程示意图

堆叠循环神经网络的思想很简单，即增设多个记忆单元：

$$\boldsymbol{m}_t^l=\sigma(h^l(\boldsymbol{m}_t^{l-1},\boldsymbol{m}_{t-1}^l))=\sigma(\boldsymbol{U}^l\boldsymbol{m}_{t-1}^l+\boldsymbol{W}^l\boldsymbol{m}_t^{l-1}+\boldsymbol{b}^l) \tag{B-33}$$

双向循环神经网络，顾名思义，即不仅考虑 t 之前的，同时考虑 t 之后的，这种双向联系在文本处理中常有体现。一个词与其上下文（而非仅仅前文）往往有着紧密联系，其过程可以表述为

$$\begin{aligned}\boldsymbol{m}_t^1&=\sigma(h^1(\boldsymbol{x}_t,\boldsymbol{m}_{t-1}^1))=\sigma(\boldsymbol{U}^1\boldsymbol{m}_{t-1}^l+\boldsymbol{W}^1\boldsymbol{x}_t+\boldsymbol{b}^1)\\ \boldsymbol{m}_t^2&=\sigma(h^2(\boldsymbol{x}_t,\boldsymbol{m}_{t-1}^2))=\sigma(\boldsymbol{U}^2\boldsymbol{m}_{t-1}^l+\boldsymbol{W}^2\boldsymbol{x}_t+\boldsymbol{b}^2)\\ \boldsymbol{m}_t&=\boldsymbol{m}_t^1\oplus\boldsymbol{m}_t^2\end{aligned} \tag{B-34}$$

其中$\oplus$为向量拼接操作。

B.3.3 基于门控的循环神经网络

在有关参数导数的推导过程中，注意到

$$\nabla_{\boldsymbol{m}_{k-1}}\mathcal{L}_t=\boldsymbol{U}^{\mathrm{T}}\boldsymbol{D}^k(\nabla_{\boldsymbol{m}_k}\mathcal{L}_t)=\left[\prod_{\tau=k}^{t}\boldsymbol{U}^{\mathrm{T}}\boldsymbol{D}^{\tau}\right]\nabla_{\boldsymbol{m}_t}\mathcal{L}_t \tag{B-35}$$

由于$\prod$ 的存在，当 $\boldsymbol{U}^{\mathrm{T}}\boldsymbol{D}^{\tau}$ 的最大（最小）奇异值小于（大于）1 时，很容易发生梯度消失（爆炸）现象，导致梯度下降迭代过程无法进行。针对梯度爆炸，可以采用诸如梯度截断、正则化项等方法解决。而梯度消失会导致网络所兼顾的时序长度大大缩减，使得网络的表示能力下降。

基于门控（gating mechanism）的循环神经网络也应运而生，这里我们主要介绍 LSTM 和 GRU 两类循环网络。

LSTM 通过引入输入门 $\boldsymbol{i}_t$、遗忘门 $\boldsymbol{f}_t$ 和输出门 $\boldsymbol{o}_t$ 三个“门”来平衡当前信息和历史信息。其主要流程如下：

$$\begin{aligned}\boldsymbol{c}_t&=\boldsymbol{f}_t\odot\boldsymbol{c}_{t-1}+\boldsymbol{i}_t\odot\tilde{\boldsymbol{c}}_t\\ \boldsymbol{m}_t&=\boldsymbol{o}_t\odot\tanh(\boldsymbol{c}_t)\\ \tilde{\boldsymbol{c}}_t&=\tanh(\boldsymbol{U}_c\boldsymbol{m}_{t-1}+\boldsymbol{W}_c\boldsymbol{x}_t+\boldsymbol{b}_c)\\ \boldsymbol{i}_t&=\mathrm{sigmoid}(\boldsymbol{U}_i\boldsymbol{m}_{t-1}+\boldsymbol{W}_i\boldsymbol{x}_t+\boldsymbol{b}_i)\\ \boldsymbol{f}_t&=\mathrm{sigmoid}(\boldsymbol{U}_f\boldsymbol{m}_{t-1}+\boldsymbol{W}_f\boldsymbol{x}_t+\boldsymbol{b}_f)\\ \boldsymbol{o}_t&=\mathrm{sigmoid}(\boldsymbol{U}_o\boldsymbol{m}_{t-1}+\boldsymbol{W}_o\boldsymbol{x}_t+\boldsymbol{b}_o)\end{aligned} \tag{B-36}$$

其中$\odot$表示按元素相乘。注意到 $\boldsymbol{i}_t,\boldsymbol{f}_t,\boldsymbol{o}_t$ 所使用的是 Sigmoid 激活函数，使得其每个元素都属于(0,1)：

(1)$\boldsymbol{f}_t$ 控制上一个时刻的内部状态 $\boldsymbol{c}_{t-1}$需要遗忘多少信息；

(2)$\boldsymbol{i}_t$ 控制当前时刻的候选状态$\tilde{\boldsymbol{c}}_t$ 需要保存多少信息；

(3)$\boldsymbol{o}_t$ 控制当前时刻的内部状态 $\boldsymbol{c}_t$ 有多少信息需要输出给外部状态 $\boldsymbol{m}_t$。

显然，当 $\boldsymbol{f}_t$ 远大于$\boldsymbol{i}_t$ 时，LSTM 倾向于历史信息，特别地，$\boldsymbol{f}_t=1,\boldsymbol{i}_t=0$。$\mathcal{L}_t$ 关于 $\boldsymbol{U}_c$ 的梯

度均来自 c_1，也因此能够避免梯度消失。

既然 f_t 与 i_t 存在互补关系，GRU 干脆将其作为一个门来平衡：

$$\begin{aligned} \boldsymbol{m}_t &= \boldsymbol{u}_t \odot \boldsymbol{m}_{t-1} + (1-\boldsymbol{u}_t) \odot \widetilde{\boldsymbol{m}}_t \\ \widetilde{\boldsymbol{m}}_t &= \tanh(\boldsymbol{U}_m(\boldsymbol{r}_t \odot \boldsymbol{m}_{t-1}) + \boldsymbol{W}_m \boldsymbol{x}_t + \boldsymbol{b}_m) \\ \boldsymbol{u}_t &= \mathrm{sigmoid}(\boldsymbol{U}_u \boldsymbol{m}_{t-1} + \boldsymbol{W}_u \boldsymbol{x}_t + \boldsymbol{b}_u) \\ \boldsymbol{r}_t &= \mathrm{sigmoid}(\boldsymbol{U}_r \boldsymbol{m}_{t-1} + \boldsymbol{W}_r \boldsymbol{x}_t + \boldsymbol{b}_r) \end{aligned} \tag{B-37}$$

同时引入重置门 $\boldsymbol{r}_t$ 用以控制用多少历史信息来更新候选状态 $\widetilde{\boldsymbol{m}}_t$。当 $\boldsymbol{u}_t=0$，$\boldsymbol{r}_t=1$ 时，GRU 退化成简单循环网络。

参考文献

[1] LECUN Y, BOSER B, DENKER J S, et al. Backpropagation applied to handwritten zip code recognition[J]. Neural Computation, 1989, 1(4): 541-551.

[2] KRIZHEVSKY A, SUTSKEVER I, HINTON G E. ImageNet classification with deep convolutional neural networksl [C]. In Neural Information Processing Systems (NIPS), 2012.

[3] 邱锡鹏. 神经网络与深度学习[M]. 北京：机械工业出版社，2020.

[4] SCHERER D, MULLER A, BEHNKE S. Evaluation of pooling operations in convolutional architectures for object recognition[C]. In International Conference on Artificial Neural Networks (ICANN), 2010.

[5] HINTON G E, SRIVASTAVA N, KRIZHEVSKY A, et al. Improving neural networks by preventing co-adaptation of feature detectors [J]. ArXiv preprint arXiv: 1207.0580, 2012.

[6] SZEGEDY C, LIU W, JIA Y, et al. Going deeper with convolutions[C]. In Computer Vision and Pattern Recognition (CVPR), 2015.

[7] IOFFE S, SZEGEDY C. Batch normalization: accelerating deep network training by reducing internal covariate shift[C]. In International Conference on Machine Learning (ICML), 2015.

[8] BA J, KIROS J, HINTON G E. Layer normalization[C]. In Neural Information Processing Systems (NIPS), 2016.

[9] ULYANOV D, VEDALDI A, LEMPITSKY V. Instance normalization: the missing in-

gredient for fast stylization[J]. ArXiv preprint arXiv:1607. 08022,2016.

[10] WU Y,HE K. Group normalization[C]. In European Conference on Computer Vision (ECCV),2018.

[11] HE K,ZHANG X,REN S,et al. Deep residual learning for image recognition[C]. In Computer Vision and Pattern Recognition (CVPR),2016.

[12] SIMONYAN K,ZISSERMAN A. Very deep convolutional networks for large-scale image recognition [C]. In International Conference on Learning Representation (ICLR),2015.

[13] WANG S,JIANG J. Learning natural language inference with LSTM[J]. ArXiv preprint arXiv:1512. 08849,2015.

[14] SUTSKEVER I,VINYALS O,LE Q. Sequence to sequence learning with neural networks[C]. In Neural Information Processing Systems(NIPS),2014.

[15] TIAN Y,ZHANG J,MORRIS J. Modeling and optimal control of a batch polymerization reactor using a hybrid stacked recurrent neural network model[J]. Industrial and Engineering Chemistry Research,2010,40(21): 4525-4535.

[16] OLABIYI O,MARTINSON E,CHINTALAPUDI V,et al. Driver action prediction using deep (bidirectional) recurrent neural network[J]. ArXiv preprint arXiv:1706. 02257,2017.